U0594923

军迷·武器爱好者丛书

装甲车辆

张学亮/编著

辽宁美术出版社

前 言
Foreword

战争是残酷的，可对胜利的憧憬使它同样又极大地刺激着人类的智慧，推动着科技的飞速发展，各种威力更强大的武器相继出现，步兵战车、装甲运输车、侦察车以及其他特殊装甲车辆等，便是陆军武器中的佼佼者。

1855 年，英国人 J. 科恩在蒸汽拖拉机的底盘上安装机枪和装甲，制成了一辆轮式装甲车，并获得专利权。但这种装甲车未能实际应用。1898 年，英国人西姆斯在四轮汽车上安装了装甲和一挺机枪。1900 年，英国把装甲汽车投入到正在南非进行的英布战争中……从此之后，经过一战、二战的洗礼，并在此过程中不断改进、衍生、发展、升级，就组成了一个庞大的装甲车辆家族。

装甲车辆是具有装甲防护的各种履带或轮式军用车辆，是装有装甲的军用或警用车辆的统称。随着坦克的诞生，火力、防护性和越野性都比较弱的装甲车失去了在战场上为步兵提供火力支援的地位，于是它转向其他用途发展。实际上，坦克也是装甲车，属于履带式装甲车辆的一种，但是在习惯上通常因作战用途另外独立分类，而装甲车辆多半是指防护性与火力较坦克弱的车种，其特性为具有高度的越野机动性能，有一定的防护和火力作用，一般装备一至两门中小口径火炮及数挺机枪，一些还装有反坦克导弹，结构由装甲车体、武器系统、动力装置等组成。

按用途来分，装甲车辆主要可以分为步兵战车和装甲运兵车（或装甲运输车）。

步兵战车支援步兵战斗，更像是能载兵的坦克，而不是只有几挺机枪的装甲车。虽然步兵战车也可以作运载工具，只是载重量大大减小。

装甲运兵车指在战场上输送步兵的装甲车辆，一般具有高速、较低的防护力和战斗力等特点。装甲运输车主要作用就是为步兵和作战物资提供装甲保护，通常没有什么重武器；除了可以运输步兵外，还可以暂时充当装甲补给车。

另外还有几种专门用途的装甲车辆，如装甲侦察车、指挥车、通信车、救护车、扫雷车、架桥车、回收车、抢救车以及警用装甲车等。

它们都身披铠甲，有着厚重而庞大的身形、撼天动地的巨大威力，在无数军事爱好者心目中魅力无穷。它们是运用科技创造出来的，是科技之美的化身，是力量之美的化身，设计者凭借一己之力赋予了它们无比强大的威力，因而它更是韬略之美的化身，凝聚着人类博大精深的智慧与知识。

为此，我们特意编著了这本“军迷·武器爱好者丛书”《装甲车辆》，选取了世界上100种有名的装甲车辆，逐一介绍其概要、性能数据、研发过程以及装备现状和相关知识等，各种装甲车以图文并茂的方式呈现在读者的面前，力求全面系统地为广大军事爱好者展现出一个精彩纷呈的陆军武器世界。

目 录
Contents

装甲车辆的历史 / 8

M2 / M3 半履带车（美国） / 16

M3A1 装甲侦察车（美国） / 18

M8 轻型装甲车（美国） / 20

M113 装甲运兵车（美国） / 22

M577 装甲指挥车（美国） / 24

M1117 轻型装甲车（美国） / 26

M59 装甲人员运输车（美国） / 28

M75 装甲人员运输车（美国） / 30

LVTP-5 两栖装甲车（美国） / 32

AAV7 两栖装甲车（美国） / 34

AIFV 步兵战车（美国） / 36

M2“布雷德利”步兵战车（美国） / 38

M88A2 装甲抢救车（美国） / 40

LAV-150 装甲车（美国） / 42

“龙骑兵”300 装甲车（美国） / 44

M901“陶”式导弹发射车（美国） / 46

LAV-25 步兵战车（美国） / 48

“悍马”装甲车（美国） / 50

EFV 远征战车（美国） / 52

LAV-AD 防空装甲车（美国） / 54
MRAP 防地雷反伏击车（美国） / 56
“斯特瑞克”装甲车（美国） / 58
BTR-40 装甲人员运输车（苏联） / 60
BTR-50P 装甲人员运输车（苏联） / 62
BRDM-2 装甲侦察车（苏联） / 64
BMP-1 步兵战车（苏联） / 66
BMD-1 空降战车（苏联） / 68
BMP-2 步兵战车（苏联） / 70
BTR-80 装甲人员运输车（苏联） / 72
BMD-2 空降战车（苏联 / 俄罗斯） / 74
BMP-3 步兵战车（苏联 / 俄罗斯） / 76
BMD-3 空降战车（苏联 / 俄罗斯） / 78
BTR-90 装甲人员运输车（俄罗斯） / 80
“虎”式装甲车（俄罗斯） / 82
“熊”式装甲车（俄罗斯） / 84
T-15 步兵战车（俄罗斯） / 86
“库尔干人”25 步兵战车（俄罗斯） / 88
“回旋镖”装甲运兵车（俄罗斯） / 90
SDKFZ251 装甲人员运输车（德国） / 92
LANG HS.30 步兵战车（德国） / 94
TPZ-1 装甲人员运输车（德国） / 96
“黄鼠狼”步兵战车（德国） / 98
“海狸”装甲架桥车（德国） / 100
“山猫”两栖装甲车（德国） / 102
“美洲虎”Ⅰ自行反坦克导弹发射车（德国） / 104
“鼬鼠”Ⅰ空降战车（德国） / 106

“鼬鼠”Ⅱ空降战车（德国） / 108

“獾”式装甲工程车（德国） / 110

“非洲小狐”装甲侦察车（德国 / 荷兰） / 112

“澳洲野狗”全防护装甲车（德国） / 114

“拳击手”多用途装甲车（德国 / 荷兰） / 116

“美洲狮”步兵战车（德国） / 118

FV603 装甲人员运输车（英国） / 120

FV601 装甲侦察车（英国） / 122

FV432 装甲人员运输车（英国） / 124

FV101 装甲侦察车（英国） / 126

“狐”式轻型装甲车（英国） / 128

“肖兰德”系列装甲车（英国） / 130

AT105 装甲人员运输车（英国） / 132

“武士”步兵战车（英国） / 134

“风暴”装甲人员运输车（英国） / 136

“陆地漫游者”装甲巡逻车（英国） / 138

“潘哈德”AML 轻型装甲车（法国） / 140

AMX-10P 步兵战车（法国） / 142

VXB-170 装甲人员运输车（法国） / 144

AMX-10RC 装甲侦察车（法国） / 146

“潘哈德”VBL 装甲车（法国） / 148

ERC 90 F4 装甲车（法国） / 150

VBCI 步兵战车（法国） / 152

EBRC 装甲侦察车（法国） / 154

6616 装甲车（意大利） / 156

“半人马座”坦克歼击车（意大利） / 158

“达多”步兵战车（意大利） / 160

BV206S 装甲人员运输车（瑞典） / 162

CV90 步兵战车（瑞典） / 164

“锯脂鲤”装甲人员运输车（瑞士） / 166

“鹰”式装甲侦察车（瑞士） / 168

4K 4FA 装甲人员运输车（奥地利） / 170

“潘德”装甲人员运输车（奥地利） / 172

ASCOD 步兵战车（奥地利 / 西班牙） / 174

“帕提亚”装甲车（芬兰） / 176

BMR-600 步兵战车（西班牙） / 178

LAV Ⅲ装甲人员运输车（加拿大） / 180

60 式装甲人员运输车（日本） / 182

73 式装甲人员运输车（日本） / 184

82 式指挥通信车（日本） / 186

87 式侦查警戒车（日本） / 188

89 式步兵战车（日本） / 190

96 式装甲人员运输车（日本） / 192

16 式机动战斗车（日本） / 194

KNIFV 步兵战车（韩国） / 196

“博拉格”装甲人员运输车（伊朗） / 198

EE-9“卡斯卡维尔”装甲侦察车（巴西） / 200

EE-11“乌鲁图”装甲人员运输车（巴西） / 202

VBTP-MR 装甲车（巴西） / 204

“纳美尔”装甲运兵车（以色列） / 206

“埃坦”装甲车（以色列） / 208

“野马”全地形运输车（新加坡） / 210

“龙”式轻型装甲车（土耳其） / 212

RG-31“林羚”装甲人员运输车（南非） / 214

装甲车辆的历史

古代战车的出现

车的发明是人类文明史上的一个重要里程碑。人类的祖先早在5000年前就发明了车，车的出现使人类第一次克服了人力和距离上的障碍。

随着车的广泛使用，战场上用于攻城的战车也随之出现。公元前3000年前后，在古埃及出现了马拉战车。这种马拉战车的车轮为辐条式，比实心车轮轻便得多，再加上是用马拉，使它的机动性大大提高，手持弓箭、身着铠甲的武士乘坐在马拉战车上，取得了比对手更强大的打击力、更灵活的机动性和一定的防护力。

在中国，华夏的始祖黄帝最先使用了车，距今已有4500年的历史。到了夏代之初，黄帝的后代奚仲成为夏代的“车正”。他对原始的车进行了改造，使车的性能显著提高，更加轻便，跑得更快。后人认为他是车的鼻祖。商代战车已有出土文物可作证明。

我国著名的军事家孙武在《孙子兵法》一书中有许多关于车战的论述。“尘高而锐者，车来也”，形象地描述了车轮滚滚、战马嘶鸣、尘土飞扬的战争场面。

在中国古代战争史上，有一次著名的车战，即商朝末年的牧野之战。当时周武王姬发在吕望（姜子牙）的辅佐下，亲率战车300乘与商军交战于牧野（今河南省境内）。周军的战车机动性强，势不可当，商军迅速溃败，纣王鹿台自焚，商朝灭亡。

到了春秋末期，一些大的诸侯国已经拥有战车4000乘以上。柏举之战中，吴军和楚、秦军交战双方出动的战车在2000乘以上，足见车战规模之大。

▲ 东汉马战车

▲ 古埃及的战车

▲ 达·芬奇设计的坦克

▲ 兵马俑铜车马

将车用于战争是战争史上的一大进步，是社会发展进入铜器时代和铁器时代的必然结果，在战争史上竖起一座高大的里程碑。可是，随着战争工具弓箭射程的不断增大，机动作战速度的迅速提高，“人高马大”的古代战车则成为了要的袭击对象。曾经驰骋疆场的战车，遭到了越来越大的威胁；而适应性强、在各种地形上都能机动的步兵和骑兵则取而代之，他们主宰冷兵器时代的战场达几千年之久。

5 世纪至 19 世纪初是西方的中世纪和产业革命时期，在这长达 1400 多年的漫长岁月里，古代战车虽已经退出历史舞台，但仍不乏将各种战车用于战场的实例，也不乏构思奇特的战车方案。除中国古代使用的楼车、攻城车外，欧洲的一些发明家所设想的战车也很有特色。

如意大利文艺复兴时期的巨匠达·芬奇，他于 1484 年构思的战车像个大草帽。而 1588 年意大利人拉·梅里所画的水陆两用战车，可算是两栖车辆的最初设想。1855 年，英国人 J. 科恩所设计的战车，则像一个大头盔，具有全面的装甲防护，以蒸汽机为动力。

这些设想的战车，最终均未能用于实战。但它们对近代战车的出现起到推动和启迪作用，预示着近代战车在战场称王时代的出现已为期不远。

轮式装甲车的出现

进入19世纪末20世纪初，战争也迈入了新的时代。枪炮技术的发展对交战双方武器的火力、机动、防护性能，提出了新的要求。枪炮的远距离杀伤作用，要求部队在战场上的机动速度大大提高，于是，一批机动作战车辆应运而生。

19世纪末，在英国和美国出现了几种将机枪装在机动车辆上的机动火力车。它是在小型轮式车辆上装上机枪而成，有的还有简单的防护。尽管十分简陋，但它是在近代工业的基础上，将火力、机动、防护集于一身的初步尝试。美国人R.P.戴维德于1889年发明了最早的机动火力车，4名乘员背靠背坐在车上，但只在前部装1挺机枪，并有简单的护板起防盾的作用。

到了1898年，英国人F.R.西姆斯发明了机动巡逻车，只有1名机枪手，装1挺马克西姆机枪，由1台小型戴姆勒发动机驱动；机枪手的前方有1块防盾，起简单的防护作用。

这两种机动火力车究竟有没有用于实战尚不清楚。但是，在摩托车上装上机枪的机动火力车，却在第一次世界大战中广泛应用。

20世纪初，一些国家成功研制轮式装甲车，有的已经用于实战。轮式装甲车是汽车、内燃机、装甲、枪炮技术相结合的产物。轮式装甲车与机动火力车相比，在火力、机动、防护上都有了长足的进步。

▲ 戴维德发明的机动火力车

▲ 西姆斯在1898年发明的机动巡逻车

▲ 轮式装甲车

▲ 早期形形色色的装甲车

▲ 早期形形色色的装甲车

1902 年，英国人西姆斯研制成功了世界上第一种整个车体都覆盖钢板装甲的重型装甲车，这种装甲车是由英国维克斯公司制造的。从外观上看其像一艘带轮子的船只，又被称为“战斗机动车”。这种装甲车装 1 台 11.7 千瓦的戴姆勒汽油机，前后均装有 1 挺机枪，车速可达 14 千米 / 小时。

另外，1906 年，德国埃尔哈德公司也制造出了 BAK 装甲车，全车重量 3.2 吨，乘员 5 人，装 1 门 50 毫米加农炮，弹药基数 100 发，车速最快为 45 千米 / 小时，装甲板厚度为 3 毫米。

1913 年，意大利的都灵兵工厂利用菲亚特卡车底盘制成比安奇装甲车，全车重量 3.1 吨，乘员 3 人 ~ 4 人，装 1 挺 ~ 2 挺机枪，1 挺装在机枪塔内，一部分车还在车后装 1 挺机枪。在此之前研制的菲亚特装甲车于 1912 年用于意大利和奥斯曼土耳其战争，这是第一次在战争中使用装甲战车。

这些轮式装甲车虽然在战争中发挥了一定的作用，但是由于其越野行驶性能较差，面对纵横交错的堑壕，也显得无可奈何。然而，轮式装甲车的发展，对于坦克的问世起到了直接而至关重要的推动作用，为坦克的诞生奠定了基础。

履带的革命

早在 1770 年，英国人埃奇沃思发明了一种“可以让所有马车都行驶并且和马车一起移动”的东西，这是一种木制板条形成的“链”，按固定的方式持续地移动，始终与地面接触的是一块板条或几块板条，目的是要把马车重量在使用狭窄的车轮时能分散到更宽的地面上，使马车能在崎岖的或松软的地面上行驶。不过，埃奇沃思的设计始终没有付诸行动。

1888 年，美国发明家巴特尔获得一项履带的专利。1904 年，霍尔特也获得一项非常实用的履带发明专利，并在 1906 年投入批量生产，用履带替换了原来的蒸汽拖拉机的后轮，于是出现了霍尔特履带式拖拉机。

履带的发明，使得大型的战车在松软和坑洼不平的地形中移动和作战成为可能，创造了坦克诞生所需要的重要条件，为人们心中的陆战“移动的堡垒”的诞生在技术上扫除了障碍。

1914 年秋天，在第一次世界大战的欧洲战场上，英国远征军在法国战场上向德国军队发动进攻。战场上堑壕纵横、碉堡林立，德国军队借此掩护，用机枪向英国士兵狂扫，英军和法军士兵密密麻麻地倒在血泊之中。

英国随军记者贝斯特·斯文顿亲眼目睹这一惨景，心灵受到特别大的震撼，心中十分难过，他曾写信给一位朋友抒发这样的感情。从朋友的回信中，他偶然看到把美国的“霍尔特”农用拖拉机描述为“能够像魔鬼一样爬行的美国机器”。这时，斯文顿突然想起科幻小说中关于“陆地战舰”的描写，于是想到，是否能把牵引火炮的拖拉机改装成不怕枪弹、能够越野的“陆地战舰”，用来对付德

▲ 采用履带的“陆地战舰”试验车

▲ 福德半履带车

▲ 法国 fcm-2c 重型坦克

▲ 由威廉·特里顿研发的“过壕机”

国人的堑壕、铁丝网和机枪呢?

于是，斯文顿火速赶回英国，向大英帝国防务委员会郑重提出制造“陆地战舰”的设想。不过刚开始并未引起重视，当时英国陆军大臣齐吉纳认为这是不可取的“戏言”，并且说它是“一个美妙的机械化玩具，但价值非常有限”。

正当此时，时任海军大臣温斯顿·丘吉尔却慧眼识珠，如获至宝，随即向时任英国首相阿斯齐兹建议，研制一种周身包裹铠甲、不怕敌弹攻击、能驰骋于荒野地带的新型武器。阿斯齐兹迅速批准了这一报告，开始责令陆军实施研制，可陆军的研制最终也未成功。

就在陆军试验失败的两天之后，海军就开始了“陆地战舰计划”，斯文顿也参加了这项秘密研制工作，他和同事们绞尽脑汁，认为这种新式武器也应该像海上巡洋舰那样具有强大的火力、坚固的装甲防护和良好的机动性能，于是“坦克”诞生了。

▲ 法国人设计制造的“Breton-Prétot 装甲铁丝网切割机”

接着在康布雷战役中，坦克发挥了其全部的潜能，从而确立了它在战场中的地位，斯文顿与其坦克拥护者们终于得到了大家的认可。这首先激活了法国已经衰落的发展装甲部队的努力，受到灵感启发的少校埃斯帝恩在1915年12月，敦促法国陆军的高层指挥机构生产一种主要装备机枪或火炮的机动攻击车辆。

由于履带的革命，使一战、二战直到现在，装甲车辆尤其是坦克取得了全面的繁荣发展，并且衍生出越来越多的种类，这一切都证明了装甲车辆的价值。

装甲车辆的未来之路

装甲车发展到现代，并且在将来仍必将发挥重要作用。展望未来，装甲车一定是可以适应各种复杂的战场环境，并能满足数字化战场的要求，集各种高科技于一身的新型战场铁骑。

首先，它必须拥有更强的机动能力，因为这也意味着拥有更多的机会。未来的装甲战斗车辆要具有高战术机动性，可以顺利通过各种地形，良好的加速性能也使其具备规避直瞄武器攻击的能力；中距机动不再依赖运输工具，而是可以靠自身动力完成，这就要求其具有良好的可靠性和经济性；远距离机动可以借助空中运输，但是整车重量必须要轻。

其次，还要求装甲车要有更高的信息化程度。信息化是新军事变革的关键词，装甲车辆火力、防护和机动能力的对抗，也将更多地表现为信息的对抗。夺取战场主动权的前提和基础就是取得“制信息权”，缺乏高效的信息获取与处理能力将会严重削弱整体战斗力，甚至会遭到毁灭性的打击。

信息化的意义在于可以实时监视战场环境，及时做出判断和反应。良好的信息收集、处理和反应系统可以提高地面单位的生存能力，同时作战系统的“信息实时”和“信息资源共享”也使单位火力和支援火力的整体效能倍增。从这个意义上讲，未来地面单位的制信息能力将成为决定主战坦克的火力、防护、机动水平发挥的关键。其意义甚至要凌驾于装甲车辆火力和防护力之上。

▲ 美国“斯特瑞克”装甲车的遥控武器站

▲ 反应装甲防御测试

▲ 驻伊美军的 M2A3 步兵战车，加装了厚厚的反应装甲

▲ “布雷德利”步兵战车发射“陶”式反坦克导弹

同时，还要求装甲车要有更强大的火力。在未来战争中，步兵战车的主要作用仍然是输送步兵和为步兵提供火力支援，除了注意提高机动性和防护性外，自然也要有强大的火力配备。未来步兵战车除了配备大口径主炮外，还会配备先进的反坦克导弹和（或）面对空导弹，同步兵携带的各种轻便武器一起，构成一个既能对付地面目标，又能对付低空目标；既能对付软目标，又能对付硬目标的远、中、近程相结合的火力配系。

近年来，局部战争的研究证明在激烈的城市交火区域内，裸露在外操作武器的士兵伤亡率极高，新一代装甲战车更趋向于自动化、无人化，遥控武器站就成了未来步兵战车的主要装备。遥控武器站是一种相对独立的模块化武器系统，集成有机枪、自动榴弹发射器、机炮、导弹等各色武器，以及热像仪、激光测距仪、昼用光学瞄准具等火力控制系统。这个系统是今后武器系统的发展趋势，对于今后的武器装备研发具有深刻的意义，同样也会改变战场的作战模式。

另外，装甲车未来的防护能力会进一步增强。未来步兵战车普遍披挂附加装甲或采用间隙复合装甲以增强抗弹能力。因为装甲太厚会引起战车重量的增长，影响机动性发挥，所以装甲防护取决于所承担的任务，按所承担任务的需要加装装甲。

除装甲防护外，未来步兵战车还会安装更加先进的主动防御系统，如德国的“美洲狮”步兵战车就安装有德国迪尔公司研制的可安装在轻型和重型装甲车辆上的硬杀伤系统——“阿维斯”主动防御系统。该系统包括 1 部 Ka 波段搜索和跟踪雷达，该雷达与发射装置相连，能够提供全方位防护，在距车身 75 米处探测到来袭威胁，随后发射重量为 3 千克的榴弹，在距车身 10 米处实施拦截。它能够摧毁反坦克导弹和其他化学能弹药，并能降低动能弹头的穿甲能力；而整个拦截过程耗时仅 355 毫秒。

此外，未来步兵战车还有烟幕施放装置和三防装置，有自动灭火装置，这些装置对提高车辆的防护性能，均起到积极作用。

M2/M3 半履带车（美国）

简要介绍

M 2 / M3 半履带车是美国怀特汽车公司在20世纪30年代后期生产的军用装甲车辆。在二战中，第一辆正式版本M2半履带车于1941年投入战场；由于通用性高，在二战及战后被不断升级和改良以延长服役寿命，阿根廷陆军一直沿用升级版的M9半履带车至2006年，并把这批M9捐赠给玻利维亚。

研制历程

1938年，美国怀特汽车公司将4轮的“雪铁龙”半履带车改装为M3侦察车，后将此车体改用“提姆肯”半履带底盘，并把这种型号命名为T7半履带车。

但是，其所沿用的引擎却无法为半履带驱动系统提供足够动力，当时的T7被美国陆军用作火炮牵引车，1939年又改用更大动力的引擎并命名为T14。

1940年，美国陆军正式采用并将T7和T14更名为M2和M3半履带车，来作为火炮的牵引车及侦察车使用。1942—1943年间，由于战场需求，美军对M2及M3半履带车做了大量不同改良，包括车体、武器、引擎及装甲等。

基本参数	
车长	5.96米
车宽	2.2米
车高	2.26米
战斗全重	9吨
最大速度	40千米 / 小时
最大行程	320千米

作战性能

M2、M3的区别是M3的车体更长，在车尾有一个进出口，并设有可承载13人步枪班的座位（在车的两边设有10个座位，另外3个座位在驾驶室）。M3在座位底下有架子，用来放弹药及配给；座位后方额外的架子，是用来放步枪以及其他物品的；在车壳外，履带上方，设有小架子用来放置地雷。

知识链接 >>

M3 半履带车是一种设有乘载室的轻型装甲车辆，主要用于战场上输送步兵，也可输送物资器材。二次世界大战期间，美国的 M3 半履带车是最著名的。这些车辆拥有防御小口径武器与弹药破片的侧面装甲，但是欠缺顶部的保护。车体上以携带机关枪最为常见。

▲ M2 半履带车

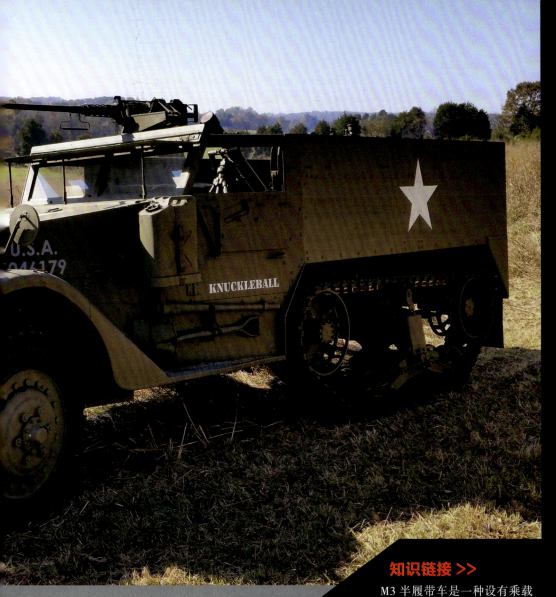

M3A1 装甲侦察车（美国）

简要介绍

M3 侦察车是美国在二战时期装备的一种 4×4 轮式装甲车，主要用于巡逻、侦察、指挥、救护和火炮牵引。二战中，美国曾大量装备此型侦察车给苏联、法国等同盟国军队使用。M3A1 是 M3 的改进版本。

研制历程

M3 装甲侦察车于 1938 年由怀特汽车公司设计，原本订单是为美国陆军第 7 骑兵旅提供 64 辆服役，其后陆军决定采用车体更长更阔、车头保险杠设有拉索滚筒的改进版本，并定名为 M3A1。M3A1 在 1941 年开始生产，至 1944 年终止，共制造了 20918 辆。

M3A1 可搭载 8 人，即 1 名驾驶员和 7 名乘客，开放式车壳装有 1 门“勃朗宁”M2 重机枪及 2 门 M1919 机枪。

该装甲车的设计影响了二战后推出的苏联 BTR-40，以及后来的 M2 半履带车。

基本参数	
车长	5.63 米
车宽	2.1 米
车高	2 米
战斗全重	5.67 吨
最大速度	81千米 / 小时
最大行程	403千米

作战性能

M3A1 在二战中首次参战，是在 1941 年至 1942 年的菲律宾战场，此外，该车曾装备了位于北非战场及西西里岛的美国陆军骑兵部队。在战场上，M3A1 主要用作侦察、指挥和火力支援用途。到了 1943 年中期，由于 M3A1 采用开放式车壳导致其防护能力较低，4 轮设计又对山地及非平地的适应能力不足，美国开始以 M8 装甲车和 M20 通用装甲车将其取代，此后只有少量的 M3A1 服役。

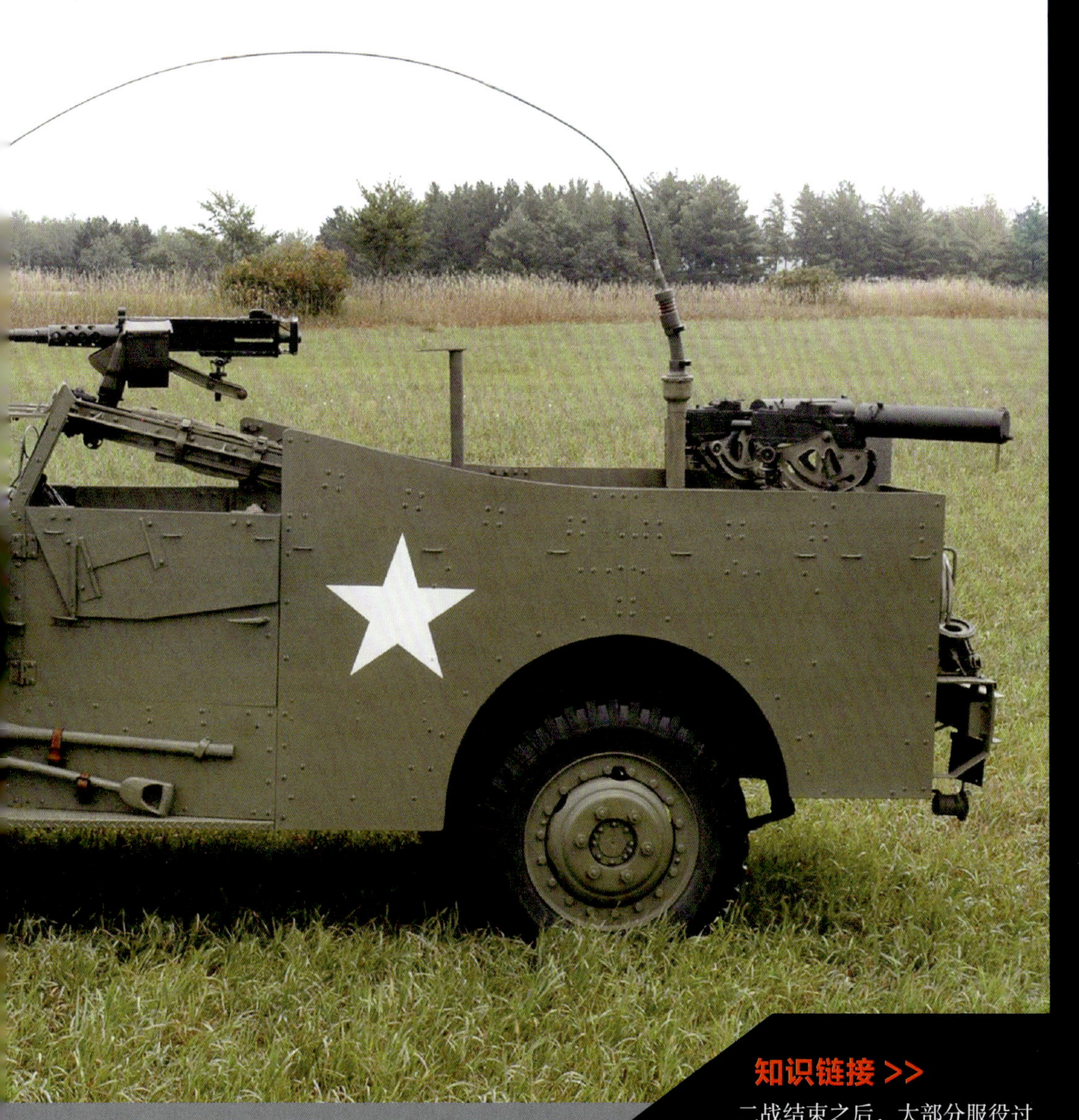

知识链接 >>

二战结束之后，大部分服役过的 M3A1 被卖至亚洲和拉丁美洲国家。以色列也曾采用过该型车。有一些 M3A1 甚至被加装了顶部装甲和旋转式炮塔。

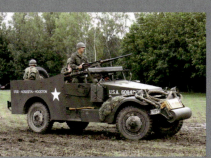

▲ M3A1 装甲侦察车

M8 轻型装甲车（美国）

简要介绍

M8 轻型装甲车是美国福特汽车公司于1943—1945 年研制生产的轮式轻型装甲车，用于侦察、反步兵作战。二战之后，美国、英国和法国的 M8 大多交给北约部队及第三世界国家，直至 2002 年，非洲及南美仍然可见 M8 的踪影。

研制历程

1941 年，美国陆军就提出要有一种轮式火炮机动车辆作为反坦克部队的一部分，该车应有一个可以安装 37 毫米坦克炮的旋转炮塔。到 1942 年 6 月出现了几种原型车，如福特公司的 T17 和改进型 T17E，虽未被军方采纳，但却被英国使用，称为“猎鹿犬”。

1943 年，福特公司的另一辆 T22E2 6×6 原型车中标，后来被定型为 M8 轮式轻型坦克歼击车，于 1943 年年初投入战场。这时德国坦克的装甲已经比 1941 年前增厚了许多，37 毫米炮显然已经无法完成反坦克任务。于是 M8 的任务只得改为侦察、巡逻和指挥。

基本参数	
车长	5米
车宽	2.54米
车高	2.25米
战斗全重	7.8吨
最大速度	90千米 / 小时
最大行程	563千米

作战性能

M8 因为最初是作为一种轻型坦克歼击车来设计的，有一定的装甲防护，又十分重视速度和灵活性，结构紧凑，十分有利于隐蔽。其炮塔顶部敞开，可以为车组提供良好的视野；前部有一部分被钢板覆盖，以保护瞄准镜、机枪弹药。M8 的主要武器为 1 门 37 毫米 57 倍径的 M6 坦克炮，辅助武器为共轴机枪，通常为 7.62 毫米“勃朗宁”M1919A4 或者 A5。

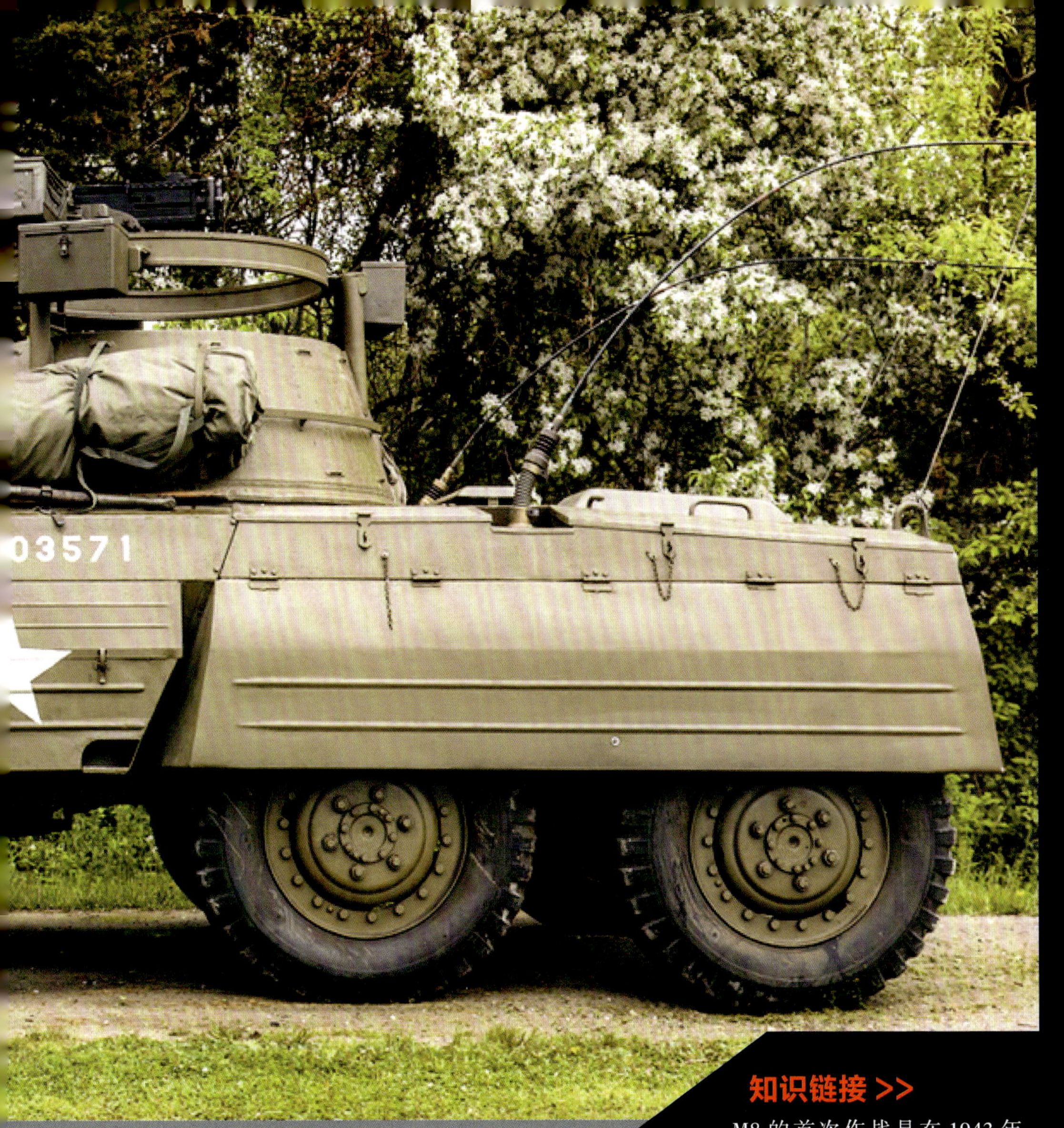

知识链接 >>

M8 的首次作战是在 1943 年的意大利战场，之后服役于欧洲和美国陆军部队。在亚洲战场时，由于日军坦克及装甲车的装甲薄弱，M8 甚至成了反坦克武器。二战后，美国陆军的 M8 主要用于占领区的巡逻和维持治安，一批退役的 M8 被转交给美国警队作防暴装甲车，一直服役至 20 世纪 90 年代。

▲ 士兵们与 M8 轻型装甲车

M113 装甲运兵车（美国）

简要介绍

M113 是美国食品机械公司和凯萨铝化学公司于 1950 年联合生产的装甲运兵车，采用全履带配置并有部分两栖能力，也有越野能力，在公路上可以高速行驶，以便宜好用、改装方便著称于世。M113 装甲车家族有许多的变型版，可以担任运输、火力支援等各种战场角色。尽管它不是坦克，但也能设计成战斗载具。现如今，M113 的各种改型仍然在服役。同时，M113 外销到了世界上诸多国家，其生产量超过 8 万辆。

研制历程

二战结束之后，美国军方提出研发一种高机动、高生存性和高可靠履带平台，可以随时跟在装甲车辆和战车后方作战。美国军方要求该车只需驾驶员和车长共计 2 名车员，后方可以运送 11 名步兵。

经过美国食品机械公司和凯萨铝化学公司几年的研发，终于于 1950 年推出了这种装甲运兵车。入役后，它被定名为 M113。之后研制了 M113 A1、M113 A2、M113 A3 以及 M113 装甲骑兵攻击型（ACAV）等。

基本参数	
车长	4.86米
车宽	2.69米
车高	2.5米
战斗全重	12.3吨
最大速度	66千米 / 小时
最大行程	480千米

作战性能

M113 的基本型可以在车顶平台上加装各式中型武器，最常见的是 12.7 毫米口径的 M2 重机枪和 40 毫米 MK 19 榴弹发射器。当然，也可以安装反战车无后坐力炮，甚至是反战车导弹。美军装甲骑兵实战中曾经把吉普车的 106 毫米无后坐力炮装到 M113 上，后又发展了将一种 M47 反战车导弹安装在现有的机枪座上，而不必移走机枪，让车长单人就可以使用比机枪更强的武器。

知识链接 >>

现如今的美军 M113 车队包含混合了 A2 版和一些改装型的 A3 RISE（可靠度改良套件）。更多的 A3 将装防破片内衬和外挂装甲，未来 M113 A3 将有数位高速网络和资料传输系统。M113 A3 数位化计划包含各种软硬件改装，使它们变成 M113 FOV。

▲ M113 火力支援车

M577 装甲指挥车（美国）

简要介绍

M577 是由 M113 装甲运兵车改装而来的，两者的底盘结构相同。不过 M577 对尺寸进行了适当扩大，以便于提供更大的内部空间，驾驶员依然在左前方，他右边的车长位置经过调整，将原本的车长指挥塔替换为和驾驶员驾驶舱一样的圆形舱口，后部运兵舱的整体结构升高，内部空间高度达到了 1.9 米，允许大部分士兵站立。M577 是利用成熟的运兵车底盘，在车内腾出一个合适的空间，以此形成一个车内指挥办公室，作战指挥所需的人员和设备都可以存放在这里面。

研制历程

战场上，各国军队大都缺少专门的营、连级基层指挥车，此前往往在常规坦克、装甲车或者军车上安装无线电设备就解决了，这样的指挥车通信能力不足、空间狭小，指挥官难以施展，不利于不同兵种之间协调作战。直到 1962 年，美国食品机械化学公司向军队交付了一款指挥车，就是 M577。在 1962 年晚些时候交付军队服役，后来还有 M577A1 至 M577A4 等升级型号。

基本参数	
车长	4.93米
车宽	2.69米
车高	2.71米
战斗全重	10.8吨
最大速度	64千米 / 小时
最大行程	320千米

实战性能

M577 在不改动底盘基本结构的前提下，腾出一个合适的车内空间，形成一个车内指挥办公室，指挥室内除了正常所需的照明电气，还有指挥通信所需的无线电设备，电台安装在室内任意一侧靠前的位置，两侧舱壁上安装地图等设备。空间可以容纳一个约 5 人的指挥小组，已经足够营、连级指挥官使用。

知识链接 >>

M577 其实可以算作多功能车，只要拆除了电台、桌椅等设备，就是一辆宽敞的运输车，该车也被改成装甲救护车、医疗车甚至消防车，执法部门也喜欢将这款车当成战术车辆，可以用来保护人质或者充当防弹车。截至目前，世界上仍有多国在使用该系列车。

▲ M577 装甲指挥车

M1117 轻型装甲车（美国）

简要介绍

M1117 装甲车是美国在 LAV-150 系列 4×4 轻型装甲车的基础上研制发展的全轮驱动轻型装甲车。因其较高的机动性、防护性能、作战灵活性以及良好的操纵性，成为反恐防暴、维和维稳的装备之一。

研制历程

1995 年，美国陆军要求在 1997 年必须交付 4 辆原型车用于测试。量产开始后，第一批 94 辆于 1999 年交付；在 2005 年 7 月之前，其余的 724 辆 M1117 也陆续交付部队使用，之后部队又追加了 1118 辆车辆的生产。另外，海军陆战队租借了 M1117 在其部队中服役，空军也拥有 2 辆。伊拉克国民警卫队装备了 43 辆加长版的 M1117 装甲车，用于指挥和控制交通。现在，绝大多数的 M1117 部署在伊拉克负责车队的护送任务。

基本参数	
车长	6米
车宽	2.6米
车高	2.6米
战斗全重	13.47吨
最大速度	63千米 / 小时
最大行程	500千米

作战性能

在战场上，该装甲车使用 4 轮独立驱动系统，易于操作、驾驶稳定，特别适用于城市狭窄街道。该装甲车可机动灵活地走街串巷，深入重型装甲车难以涉足的狭窄街区，为士兵提供近距离火力支援。该装甲车还可以带领巡逻车队，为防护能力较差的战车“打头阵”。

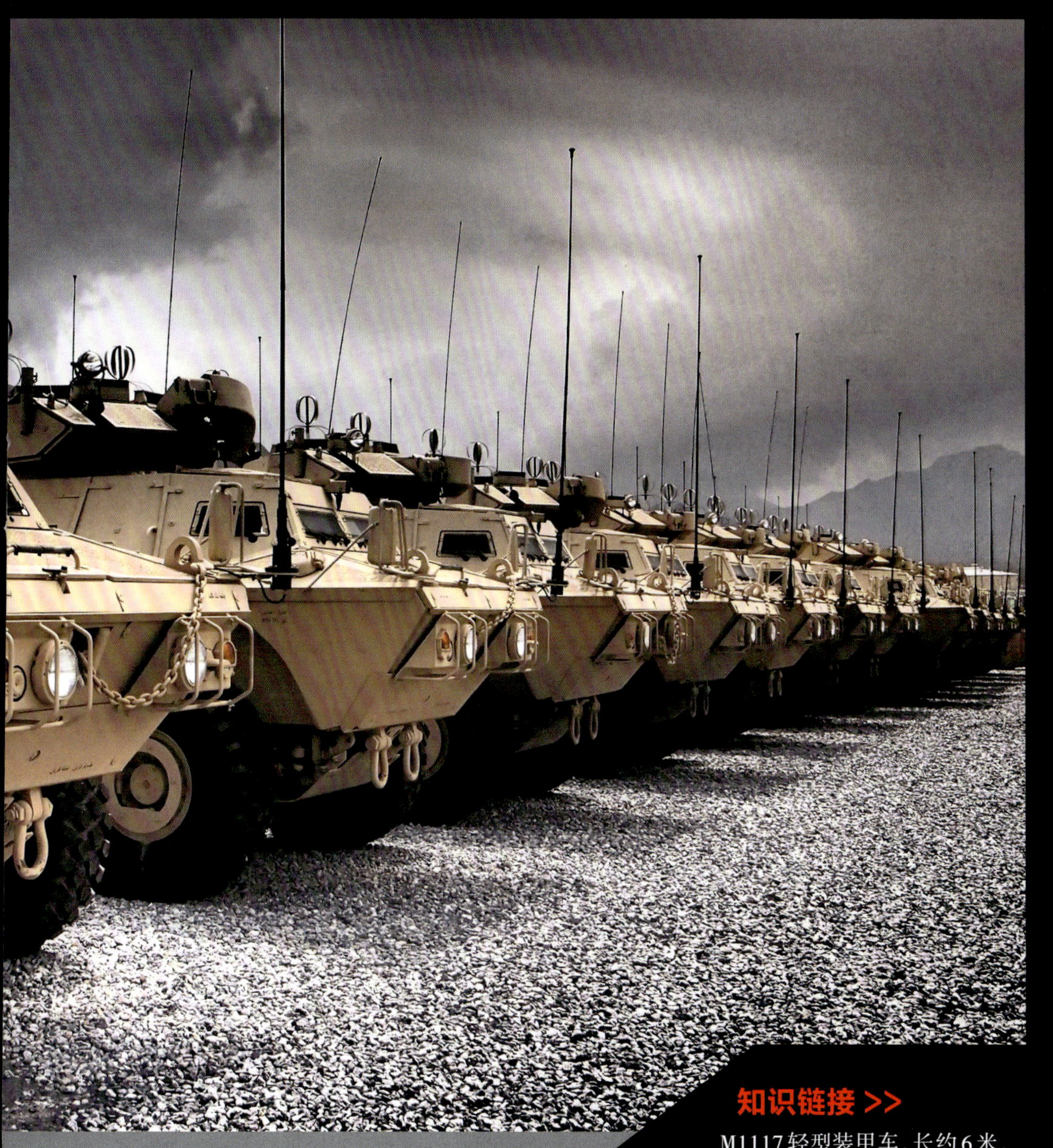

知识链接 >>

M1117轻型装甲车，长约6米，宽为2.6米，重约13吨，载员3人～4人，车体上设计有一座小型单人炮塔，集成有12.7毫米口径MK48型轻机枪和40毫米口径MK19型榴弹发射器各1具，射手可在车内遥控操作武器。装甲车的设计初衷是维护城市安全，但在执行车队护送任务时也有出色表现。

▲ M1117 轻型装甲车

M59 装甲人员运输车（美国）

简要介绍

M59 装甲人员运输车能够水陆两用，水上行驶时用履带划水。该车前部装有铰接翻转型防浪板，在履带上方安装了橡胶侧板，可以减少水上行驶阻力，入水前开动舱底排水泵。M59 履带式装甲人员运输车无三防装置，载员舱内有微小的超压可减少进入车内的尘埃。M59 履带式装甲人员运输车，还装有主动红外装置。

研制历程

M59 装甲人员运输车，于 1953 年 12 月定型，是针对 M75 造价高又不能水上行驶的缺点而设计的改进型车辆，成本比 M75 降低了一半还多。从 1954 年 2 月到 1959 年 3 月，食品机械化学公司共制造 M59 履带式装甲人员运输车 4000 余辆，取代了部队原装备的 M75 非水陆两用车。但 M59 履带式装甲人员运输车功率不足，仅能在很平静的水域中使用，所以于 1960 年停止生产，1961 年被 M113 装甲人员运输车所取代。

基本参数	
车长	5.61米
车宽	3.26米
车高	2.39米
战斗全重	19.32吨
最大速度	51.5千米 / 小时（公路） 6.9千米 / 小时（水上）
最大行程	164千米

作战性能

M59 装甲人员运输车，车体是全焊接钢板结构。驾驶员位于车前左侧，其单扇舱盖上装有 1 个整体式 M17 潜望镜，可换成 M19 红外潜望镜，驾驶员前方另装有 3 个 M17 潜望镜。有的车装有 360° 旋转的车长指挥塔，塔上装 6 个潜望镜和 1 挺 12.7 毫米机枪；有的车的指挥塔上则装有 4 个潜望镜和 1 挺外置 12.7 毫米机枪。在机枪瞄准和射击时，车长必须把头部和肩部暴露在车外。

知识链接 >>

该车的基型车本身就能用作救护车、指挥车、运货车、侦察车和装有M40式106毫米无坐力炮的武器运输车等。在基型车中唯一正式装备的武器是M84式107毫米自行迫击炮，于1955年11月定型。车上装有与M59A1车相同的M13型指挥塔。车上6名乘员为：驾驶员、车长、炮长、装填手和2名弹药手。

▲ M59 装甲人员运输车

M75 装甲人员运输车（美国）

简要介绍

M75装甲人员运输车是美国万国收割机公司于1952年生产并装备美国陆军的履带式装甲车辆，主要用于运输装甲人员。该车不是水陆两用车辆，无三防装置，多数车上装有主动红外驾驶仪。到20世纪50年代末，该车被M59型车取代，其中大多数转交比利时陆军装备，之后比利时也逐渐用装甲步兵战车和M113A2装甲人员运输车将其取代。

研制历程

1945年9月，美军要求研制T43运货车底盘，并利用该底盘制造12人的履带式装甲人员运输车。1946年4月，T43运货车的研制工作结束，该车被定型为T43E1。1946年9月，美军又批准利用该车底盘研制、设计T18多用途装甲车并由万国收割机公司制造了T18和T18E1两个样车。

1951年1月，T18和T18E1多用途装甲车改名为履带式步兵装甲车。1952年12月，美国陆军决定装备T18E1车，并将其更名为M75履带式装甲人员运输车。1951—1954年，万国收割机公司共制造该车1729辆。

基本参数	
车长	5.19米
车宽	2.84米
车高	2.75米
战斗全重	18.83吨
最大速度	71千米/小时
最大行程	185千米

作战性能

M75装甲人员运输车采用的是全封闭焊接和铸钢的车体结构。车前左侧是驾驶员的位置，右侧是动力舱，有单扇舱盖，盖前装有4个M17潜望镜。车体支架上装有整体式动力装置。车长指挥塔上装有6个观察镜，指挥塔上部转动部分可手动旋转360° 。M2HB式12.7毫米机枪枢轴式安装在舱口。车体后部的载员舱内可承载10名步兵，出入车辆通过车尾的两扇门，门枢在中央，舱的顶部也有舱口。

知识链接 >>

T18 和 T18E1 主要区别在于武器安装方式不同，T18 型车开始未装武器，但后来在车长位置两侧安装了 12.7 毫米遥控机枪；T18E1 型车原在车长位置两侧安装了 12.7 毫米遥控机枪，后来又改装成了 1 挺带环形架的 12.7 毫米遥控机枪。

▲ M75 装甲人员运输车

LVTP-5 两栖装甲车（美国）

简要介绍

LVTP-5是基于二战时期登陆车辆系列LVT-1至LVT-4发展演变而来的两栖装甲车，车辆相对较大，可携带30名~34名全副武装的战斗人员，于1956年正式服役。LVTP-5服役后，一度被改进为多种型号，包括地雷清扫车、指挥车、救援拖吊车和火力支援车等。

研制历程

根据美国海军陆战队的要求，1950年12月，英格索尔公司与美国海军船务局签订合同，研制新一代的两栖装甲战车。1951年1月开始研制，第一辆样车代号为LVTPX1，同年8月完成。LVTP-5于1952年开始生产并持续到1957年，先后共制造1124辆，车辆单价为14.6万美元。LVTP-5威力大，但体型笨重，外形基本为平行六面体。到了20世纪60年代，该车全部在动力舱顶部装了盒式通气管，并进行了一些其他少量改动，定名为LVTP-5A1。

基本参数	
车长	9.04米
车宽	3.57米
车高	2.92米
战斗全重	37.4吨
最大速度	48.28千米/小时（公路） 10.62千米/小时（水上）
最大行程	306千米（公路） 92千米（水上）

作战性能

LVTP-5在实战中，可装载士兵34人，紧急时可运载45名站立着的士兵。驾驶员位于车前左侧，车长位于车前右侧，配有4个M17潜望镜。浮渡时载重5443千克，陆上载重为8165千克，载有1门105毫米牵引榴弹炮及其炮手班和90发炮弹。载员舱顶部开有矩形货舱口，上有两扇双折舱盖，利用弹簧助力开启。

知识链接 >>

由于 LVTP-5 两栖装甲车的车身大而笨重，水上速度和陆上速度低，1964 年 3 月，美国国防部提出设计新型车辆的要求，美国食品机械化学公司设计制造了 LVTP-7 装甲车。该车于 1971 年服役。到 1974 年，LVTP-5 车族退役，部分转卖给了菲律宾和智利。

▲ LVTP-5 两栖装甲车

AAV7 两栖装甲车（美国）

简要介绍

AAV7 两栖装甲车是美国食品机械化学公司军械分部于 1967 年在 LVTP-7 基础上研制生产的具有输送抢滩登陆作战士兵并提供火力支援用途的履带式装甲车。该车于 1971 年开始装备美国海军陆战队，从此成为美军海军陆战队登陆作战的基本装备之一。装备 AAV7 两栖装甲突击车的国家还有亚洲的菲律宾、韩国和泰国，欧洲的意大利和西班牙，南美洲的阿根廷、巴西和委内瑞拉。

研制历程

1964 年 3 月，美国海军陆战队针对当时所用 LVTP-5 两栖战车的缺点，提出了研制新型 LVTP 车的要求；1966 年 2 月，食品机械化学公司军械分部承担了该项目的研制工作。

1967 年 9 月，食品机械化学公司军械分部完成了第一批共 15 辆样车，代号为 LVTPX12，10 月交付海军陆战队进行试验，试验于 1969 年 9 月结束。1970 年，该公司与军方签订了不带武器平台的 LVTP-7 合同；1977 年在生产的同时，又将 14 辆 LVTP-7、LVTC-7、LVTR-7 和 LVEE-7 车族全部改造。1985 年，美国海军陆战队把 LVTPTA1 改为 AAV7A1；其余车型也以此例改称，组成 AAV7 车族。

基本参数	
车长	7.9 米
车宽	3.3 米
车高	3.3 米
战斗全重	18.66吨
最大速度	64 千米 / 小时
最大行程	482 千米

作战性能

AAV7 外形最大特点是“像车又像船”，全密封结构车体，流线型外形，可在海浪高 3 米的近海水面上航行，并且全车能浸入水中 10 分钟 ~ 15 分钟而不会发生危险。在浮渡时，AAV7 可用履带推进，也可由两个喷水推进器驱动；车辆体积适中，运载能力强，能运载 25 名全副武装的陆战队士兵或者 4.54 吨物资；装甲防护能力较强，装甲厚度为 31 毫米 ~ 35 毫米，可防小口径弹药的直接命中。

知识链接 >>

AAV7两栖装甲车于1972年正式装备美国海军陆战队，在1985年以前称其为LVTP-7履带式人员登陆车。到1996年初，共生产了1592辆AAV7及其变型车。美国海军陆战队共装备1153辆AAVP7A1人员运输车、106辆AAVC7A1装甲指挥车和64辆AAVR7A1装甲抢救车。

▲ AAV7两栖装甲车

AIFV 步兵战车（美国）

简要介绍

AIFV 步兵战车是美国食品机械化学公司于 1970 年研制成功的履带式装甲车，其目的是为了弥补 M2 步兵战车和 M113 装甲人员运输车之间的巨大差距，也为了制造一种廉价的步兵战车用于国际军火市场竞争。该车主要用于出口。

研制历程

1967 年，美国食品机械化学公司军械分部根据与美国陆军签订的合同，以 M113 装甲人员运输车为基础制造了 2 辆 MICV 步兵战车，命名为 XM765 型。第一辆样车于 1970 年制成，尔后重新设计，并正式将该车命名为 AIFV 装甲步兵战车。

该车还曾在比利时、德国、意大利、荷兰、挪威、菲律宾和瑞士等国做过试验，之后美国食品机械化学公司即为各国开始生产这种战车。荷兰于 1975 年成为 AIFV 装甲车的首个用户，1977 年、1981 年先后接收了 880 辆和 840 辆。之后，荷兰陆军对该车进行了改造，其基准车型被命名为 YPR765，另有多种改型。

基本参数	
车长	5.58米
车宽	2.82米
车高	2.01米
战斗全重	13.69吨
最大速度	61.2千米 / 小时
最大行程	490千米

作战性能

AIFV 步兵战车驾驶员在车体前部左侧，右侧为动力舱，载员舱在车体后部。驾驶员前面有 4 个昼间潜望镜，中间的 1 个可换成被动式夜间驾驶仪。车长在驾驶员的后面，有 5 个潜望镜，4 个昼间潜望镜。车长右侧的指挥塔能旋转 360°。塔内有 1 挺 12.7 毫米的 M2 HB 机枪，并有防盾，两侧与后部也有装甲防护。车长位置的辅助武器为 1 挺 7.62 毫米的 M60 机枪。

▲ AIFV 步兵战车

知识链接 >>

荷兰陆军使用的 AIFV 改型车包括 YPR 765 PRCO-B 指挥车、YPR 765 PRCO-C1 ~ C5 指挥车、YPR 765 PRRDR 雷达车、YPR 765 PRRDR-C 雷达指挥车、YPR 765 PRGWT 救护车、YPR 765 PRMR 迫击炮牵引车、YPR 765 PIWR-A 和 PRVR-B 运货车等。

M2 BRADLEY

M2“布雷德利”步兵战车（美国）

简要介绍

M2“布雷德利”步兵战车是美国联合防务公司于20世纪70年代开始研制生产的一种履带式、中型战斗装甲车辆，是一种伴随步兵机动作战用的装甲战斗车辆，可以独立作战，也可协同坦克作战。

研制历程

20世纪60年代初，美国陆军计划用一种新型车替换M113装甲人员运输车。首批2辆名为XM2的样车由FMC公司(今美国联合防务公司)于1978年完成。经过一系列测试后，1980年统一定型为M2，1981年首批生产车型出厂，更名为“布雷德利”步兵战车。

后来，M2“布雷德利”步兵战车又经过不断改进，出现了多种改进型，主要有M2A1、M2A2、M2A3等型号，其中M2A3于1994年8月问世，这种最新改进车型被称为“数字化的‘布雷德利’战车”。

基本参数	
车长	6.55米
车宽	3.28米
车高	3.38米
战斗全重	36.66吨
最大速度	61千米/小时
最大行程	400千米

作战性能

M2“布雷德利”步兵战车主要武器是1门M242“大毒蛇”25毫米链式机炮，弹种有曳光脱壳穿甲弹、曳光燃烧榴弹和曳光训练弹，辅助武器是1挺7.62毫米并列机枪。M2A1型装备有“陶”Ⅱ反坦克导弹，并配有新型炮弹；M2A2型采用新的装甲防护，换装了大功率发动机，改善了火控系统；M2A3型采用前视红外传感器，并配装激光测距仪和车载导航设备，提高了战车识别能力和命中率。

知识链接 >>

M2“布雷德利”步战车从1989年开始装备美军部队，主要的任务是协助M1主战坦克作战，具体任务包括：打击敌方步兵、轻装甲目标以及低空目标。履带式步战车越野能力和生存性极强，所以一般都是各国的主力车型，该型车于1995年停产。

▲ 快速行进中的M2“布雷德利”步兵战车

M88A2 装甲抢救车（美国）

简要介绍

M88A2 装甲抢救车主要用于野战条件下对于淤陷、战伤和发生技术故障的坦克装甲车辆实施抢救、牵引至前方维修站得以快速修理，必要时也可用于排除路障和挖掘坦克掩体等。该车通常由坦克或装甲车的底盘改造而成。按重量等级或保障对象来划分，可分为中型、重型和轻型。M88A2 装甲抢救车是 M88A1 的改进型，由美国联合防务公司地面系统分部研制，主要用来抢救重型装甲车。

研制历程

鲍恩－麦克劳林－约克公司于 1984 年着手一项研究和发展计划，研究适用于抢救 M1 坦克的车型。1984 年生产了名为 M88AX 的试验车，它以 M88A1 的底盘为基础，发动机功率和传动装置得到改进。1985 年，美国军方在阿伯丁试验场对该车进行了试验。试验证明这种增大了功率和重量的抢救车在抢救 M1 坦克时行驶速度明显高于 M88A1。1988 年，进行样车的研制和操作试验。该车定型后称为 M88A2，计划生产 846 辆。

基本参数	
车长	8.27米
车宽	3.43米
车高	3.12米
战斗全重	63.5吨
最大速度	48.3千米 / 小时
最大行程	322千米

作战性能

M88A2 主要用来抢救重型装甲战车。其液压操控的驻锄安装在车的前部，在绞盘或 A 形吊臂工作时起稳定作用。驻锄还可以进行推土作业，例如清除道路或构筑火力发射阵地。A 形吊臂在车体前部回转，用来起吊整个坦克炮塔或动力装置，在不使用时被降低放置在车体后部。在使用驻锄以及 4 根钢绳时，A 形吊臂的最大起吊重量为 32 吨。主绞盘的牵引力为 63 吨，缆绳长 85.3 米。辅助绞盘的牵引力为 5.4 吨。

知识链接 >>

坦克作为“陆战之王”在战场上也有一个好搭档，即装甲抢救车。装甲抢救车能在比较短的时间内，对战伤的坦克实施抢救，或牵引其至后方。在 M88 家族中，最优秀的成员是 M88A2 装甲抢救车，它是在 M88A1 的基础上改进而来的，最大速度达到了 48.3 千米 / 小时。

▲ M88A2 装甲抢救车

LAV-150装甲车（美国）

简要介绍

LAV-150装甲车是美国凯迪拉克·盖奇(今达信海上与地面系统)公司在20世纪70年代初推出的“突击队员”系列装甲车中最后的发展类型，也是V-100、V-200停产后一枝独秀的系列，包括衍生改进的LAV-150S、LAV-150AFV、ASV-150以及LAV-300等十多种型号。LAV-150装甲车因其装备不同而作用不同，可当作塔炮车、防空车、迫击炮车、反坦克导弹车，还有指挥车或带舱的装甲人员运输车、抢救车、基地安全车等。

研制历程

1962年，凯迪拉克·盖奇(今达信海上与地面系统)公司开始自行投资研发一种后来被称为LAV-100的4×4轻型装甲车，第一辆样车完成于1963年，次年第一辆量产车完成。该车由克莱斯勒汽油发动机驱动，大规模用于越南地区。其升级版LAV-200也被制造出来，但仅销往新加坡。

1970年，LAV-100和LAV-200停产，取代它们的是经过诸多改进后的LAV-150；1979年，推出了6×6车型LAV-300；1985年，LAV-150被LAV-150S取代；1996年，新型的ASV-150装甲安全车/防暴车出现。

基本参数	
车长	6米
车宽	2.26米
车高	2.54米
战斗全重	9.9吨
最大速度	90千米/小时
最大行程	650千米

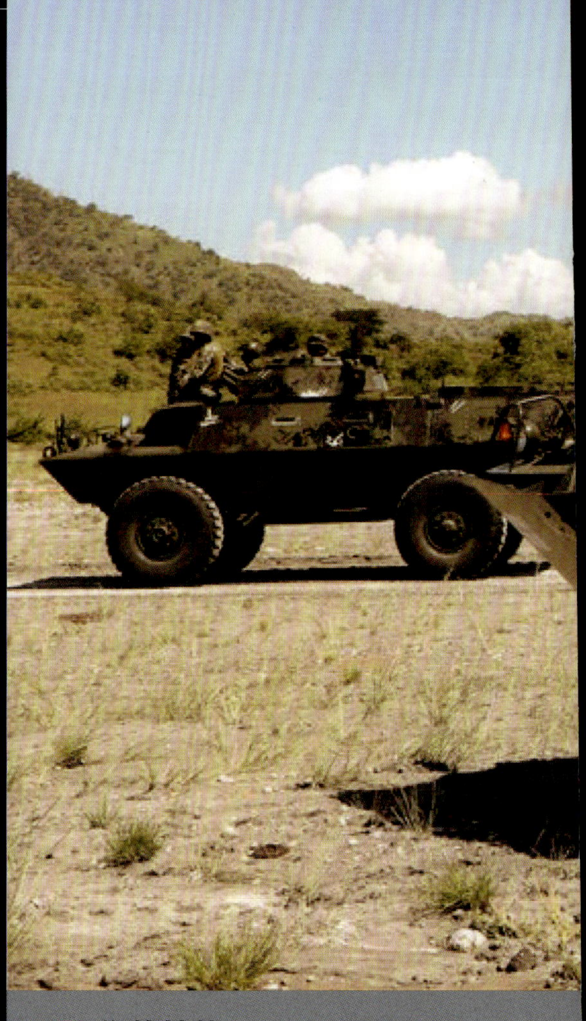

作战性能

LAV-150装甲车驾驶员和车长都位于前部，载员舱延伸至车尾，动力舱在车尾左部。所有车型均具备两栖能力。同时，该车可安装多种武器和其他专门设备，如双联7.62毫米和12.7毫米机枪炮、20毫米机炮、25毫米机炮、40毫米榴弹发射器、90毫米火炮、81毫米迫击炮、“陶”式反坦克导弹等。

知识链接 >>

"陶"式反坦克导弹（BGM-71 TOW）是20世纪60年代美国休斯飞机公司研制的一种车载式重型反坦克导弹。"陶"式反坦克导弹的生产始于1970年，它是世界上使用最广泛的反坦克导引导弹。已经投产装备的"陶"式反坦克导弹能击穿现役大部分坦克的装甲。

▲ LAV-150 装甲车

DRAGOON 300

“龙骑兵”300装甲车（美国）

简要介绍

“龙骑兵”300装甲车是1976年美国底特律弗纳公司按照陆军军事警察对车辆提出的要用C-130运输机进行空运，并适用于护送和空军基地防卫任务的要求设计的轮式装甲车。该车于1982年开始装备于美国陆、海军，自1984年开始为满足美国陆军宪兵队的需求而生产。后来，委内瑞拉订购了大量“龙骑兵”300装甲车。

研制历程

早在概念研究阶段，后勤保障和寿命周期成本就是该车的主要研制准则。该车有70%左右的零部件与现生产装备的M113A2装甲车和M809型5吨卡车通用。该车采用前者的部件有发动机、起动机、交流发电机、冷起动装置等，采用后者的部件有车桥、悬挂装置、制动器等。此外，该车还采用了得到广泛使用的民用5挡自动变速箱。因此该车成本为同类车型的1/3左右，维修和保养费用也大为降低。

1978年，2辆样车首次公开，在试验取得成功后，米尼恩公司制造了首批17辆预生产型车，在南美许多国家进行了评比鉴定。1982年3月～11月间，米尼恩公司开始为美国陆、海军制造首批生产型车，定型后命名为“龙骑兵”300轮式装甲车。

基本参数	
车长	5.59米
车宽	2.44米
车高	2.64米
战斗全重	10吨
最大速度	116千米/小时
最大行程	1045千米

作战性能

“龙骑兵”300装甲车可以水陆两用，用车轮划水行驶在水中，用前轮转向浮渡；可用3个独立排水泵把经车门橡胶封条处渗入车体内的水排出；制式设备包括AN/VRC-47通信系统、加温器、泄气保用轮胎和干式化学灭火器；任选设备包括主动/被动夜视仪、空调装置、烟幕弹发射器、红外火警探测/灭火系统、三防装置和各种探照灯、车灯等。

知识链接 >>

“龙骑兵”进一步演化为以下基本车型：装甲人员运输车、装甲安全车、装甲指挥车、迫击炮装甲车、炮塔车、装甲维修车、电子战争车、装甲后勤支援车和“陶”式反坦克导弹车等。最近生产的车型是有许多改进的“龙骑兵”Ⅱ型。

▲ “龙骑兵”300 装甲车

M901“陶”式导弹发射车（美国）

简要介绍

M901“陶”式导弹发射车是美国埃默森电气公司电子和宇宙空间分公司于20世纪70年代末在M113 A2的基础上，于车顶加装了发射2枚雷声系统公司生产的“陶”式反坦克导弹的发射架，由此改进而来。到1995年为止，美国本土和国外市场共生产了3200余辆M901“陶”式导弹发射车。

研制历程

“陶”式反坦克导弹是美国雷声系统公司1969—1970年间生产并装备美国陆军的第二代重型反坦克导弹武器系统，其威力大、性能优越，除美国外，还出口装备于30多个国家。除在飞机和地面发射架上使用以外，“陶”式导弹还广泛装在M113和其他装甲战斗车辆上使用。但这些车辆的缺点是乘员无防护，不能防轻武器射击和弹片。为此，美国各公司也一直在研制和改进这种导弹的发射车。

1976年，在经过对3家制造商提供的样车系统测试后，埃默森电气公司击败另外2家公司，获得了M901改进型“陶”式导弹发射车（ITV）的小批量试生产合同，从1978年开始正式生产。

基本参数	
车长	4.83米
车宽	2.69米
车高	3.35米
战斗全重	11.79吨
最大速度	67.59千米/小时
最大行程	500千米

作战性能

M901“陶”式导弹发射车实际是在M113 A2的车顶加装可发射2枚“陶”式反坦克导弹的可升降发射架。该车可携带10枚备弹，发射之后，需人工从发射架后部重新装弹。最新ITV车型可发射全部3种型号的“陶”式反坦克导弹，即基准型“陶”式、改进型“陶”Ⅰ式和“陶”Ⅱ式，后者最大射程为3750米。

知识链接 >>

1980 年 3 月 26 日，美国陆军器材发展和准备司令部接收了新研制的第一辆 M901“陶”式导弹发射车。之后，该车除装备于美国军队外，还向国外市场大量销售，截至 1995 年年底，美军和其他国家军队共有 3200 多辆 M901 在服役使用。

▲ M901“陶”式导弹发射车发射导弹瞬间

LAV-25 步兵战车（美国）

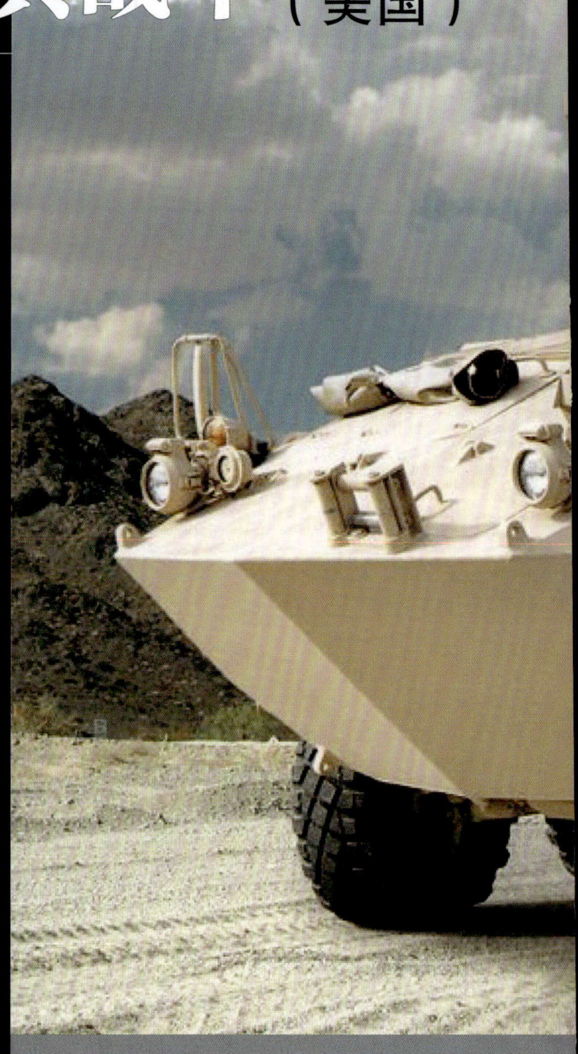

简要介绍

LAV-25 轮式步兵战车是 20 世纪 80 年代初国际合作的美军装甲车，底盘是瑞士莫瓦格公司的“锯脂鲤”8×8 装甲车底盘，炮塔是美国德尔科公司制造的双人炮塔，而生产厂商又是加拿大的通用汽车公司。该车于 1983 年 10 月开始装备美海军陆战队，成为美国海军陆战队的一把利剑。此外，该车还出口澳大利亚、加拿大、丹麦等多个国家。

研制历程

1980 年，美国为了满足新组建的快速反应部队的需要，根据 LAV 轻型装甲车辆大纲，决定发展一种轮式步兵战车，由美国陆军和海军陆战队共同负责实施，并提出了能满足双方要求的战术技术指标。

1981 年，有 7 家企业的 8 个方案投标，其中有 3 家的 4 种车型参加了 1982 年的竞争性对比试验。1982 年 9 月，美军正式宣布加拿大通用汽车公司柴油机分部的方案中标，并将该公司提供的轮式 8×8 装甲车命名为 LAV-25 步兵战车。

基本参数	
车长	6.39米
车宽	2.67米
车高	2.69米
战斗全重	16.33吨
最大速度	100千米 / 小时
最大行程	668千米

作战性能

LAV-25 采用的是双人炮塔，装有 1 门 25 毫米链式炮。辅助武器有 7.62 毫米的 M240 并列机枪和 M60 机枪各 1 挺。炮塔两侧各有 1 组 M257 烟幕弹发射器，每组 4 具。主炮双向稳定，便于越野时行进间射击。LAV-25 的越野和道路机动能力强。即使在沙漠地带，其时速也可以达到 31.4 千米。能爬 35° 的坡，攀越 0.5 米的垂直墙，飞越 2.06 米的战壕。

知识链接 >>

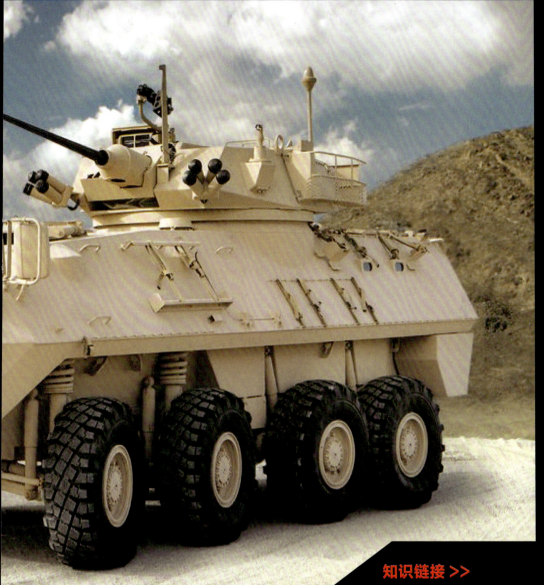

LAV-25 步兵战车于 1983 年 10 月开始装备美国海军陆战队，美军签订的第一个合同的总采购量为 969 辆，其中陆军 680 辆，海军陆战队 289 辆；第二批订货为 1983 财政年度的 170 辆，其中海军陆战队 134 辆，陆军 36 辆。

▲ LAV-25 步兵战车

HUMVEE

“悍马”装甲车（美国）

简要介绍

“悍马”是美国 AM General 公司于 20 世纪 80 年代为美国军方生产的全轮驱动车辆。该车以其优异的机动性、越野性、可靠性和耐久性与各式武器承载上的安装适应能力而声名大噪，被军事迷誉为“越野之王”。

研制历程

1979 年，美国汽车公司配合美国陆军军队在军事战略上的需求，促使其旗下的 AM General 公司研发美国陆军军队的专用车辆，称为高机动性多用途轮式车辆，以替代旧式的军用车辆 Ford M151、M151A2 以及民用的 DodgeM886、Kaiser Jeep M715 等。

1980 年 7 月，原型车辆“悍马 XM966”在美国内华达州的沙漠地区内，历经各类严苛的测试后，获得了美国陆军极高的评价；1981 年 6 月，该车被递交给“美国陆军器材发展和准备司令部”做测试。1983 年 3 月 22 日，AM General 公司与“美国陆军装甲及武器指挥部”签订生产合约。

1985 年 1 月 2 日起，首批“悍马”开始生产制造。之后衍生型号很多，有 30 种以上，分为主要类型和加重类型。

基本参数	
车长	4.6米
车宽	2.1米
车高	1.8米
战斗全重	6吨
最大速度	125千米/小时
最大行程	443千米

作战性能

“悍马”无论是重量和载重能力都超过了传统的轻型军用车辆。车身极为宽大，除驾驶员座位外还有 3 个座位。动力为功率 110 千瓦的 V8 水冷柴油机和自动变速器，方向盘带动力转向助力，操纵极为轻松。轮胎为泄气保护轮胎，并可以选装轮胎气压中央调节装置，具有突出的越野性能。由于车体采用高强度合成树脂和铝合金制造，车身重量轻、强度高、可以空运，非常适合快速部署的要求。

知识链接 >>

在实际使用中，美军“悍马”高机动性多用途轮式车辆暴露出了防护力先天不足的重大缺陷，在 7.62 毫米步枪弹、RPG、地雷、IED 的围攻之下损失惨重。

▲ “悍马”装甲车

EFV 远征战车（美国）

简要介绍

EFV 远征战车最初称为 AAAV 先进两栖突击车，是美国通用动力公司地面系统分公司于 1996 年研制出的一种水陆两栖装甲车，也是世界上第一部可以在水面上“滑行”的装甲战车，其在水面上的时速是其他两栖战车无法比拟的，是新一代的水陆两栖战车。

研制历程

早在 20 世纪 30 年代，美国就开展了履带式登陆车的研制工作。1935—1937 年研制出 LVT1 履带式登陆车，称为“鳄鱼”。加有装甲防护的履带式登陆车，代号 LVT(A)1。20 世纪 50 年代又研制出 LVTP-5 履带式登陆运输车，70 年代则推出 LVTP-7 履带式登陆运输车……这些登陆车提高了登陆部队作战中从舰到岸的推进速度，从而保证了从舰到岸作战行动的连续性。

20 世纪 80 年代，美国海军陆战队装备的 LVTP-7 履带式登陆运输车全部进行改装，改进后称为 AAV7 两栖突击车。但美国海军陆战队对这种战车并不满意，提出了具有更高输送和陆上战斗能力的新型战车要求，于是通用动力公司地面系统分公司就此踏上了 AAAV 先进两栖突击车的研制路程，并最终于 1996 年推出了这款车。2003 年正式命名为 EFV 远征战车。

基本参数	
车长	9.33米
车宽	3.66米
车高	3.28米
战斗全重	34.47吨
最大速度	72千米 / 小时
最大行程	523千米

作战性能

EFV 远征战车拥有超过 AAV7A1 两栖突击车 3 倍以上的水上行驶速度和将近 2 倍的装甲防护力，地面机动性能等同或优于 M1A1 主战坦克，可与下级、邻近友军、上级进行有效的通信指挥作业，可对乘、载员提供有效的核生化防护。其主要武器为 1 门可更换身管的 MK44 型 30 / 40 毫米稳定式机炮，辅助武器为 1 挺 M240 型 7.62 毫米并列机枪，安装在车体前部的 MK46 型双人炮塔上。

知识链接 >>

EFV 项目迄今为止已耗资 23 亿多美元，自 1995 年后一直处于开发状态，仅有一种改型指挥控制车入装，原计划 2010 年开始少量生产，并进行作战测评，后来初期生产推迟至 2015 年。同时，该项目也面临着预算和运作困难等问题，项目费用比预计的 159 亿美元提高了 27%。每辆车大约需要 1700 万美元，目前海军陆战队已把订购数量从 1000 辆削减至 573 辆。

▲ EFV 远征战车

LAV-AD 防空装甲车（美国）

简要介绍

LAV-AD 防空装甲车是美国洛克希德·马丁公司最新研制的一种弹箭炮三结合防空武器。LAV-AD 弹箭炮三结合防空装甲系统将成熟的轮式底盘和模块化防空武器系统进行组合，可较好地满足机动部队的防空需求。LAV-AD 防空装甲车主要用来对付固定翼飞机和直升机，也可使用火炮对付地面目标，直接为陆战队提供近距离火力支援，是一种名副其实的多功能平台。

研制历程

20 世纪 90 年代初，美国洛克希德·马丁公司开始研制一种弹箭炮三结合防空武器系统，该系统主要用来对付固定翼飞机和直升机，并且也可使用火炮对付地面目标。在研制过程中，马丁公司采用了海军陆战队提供的轻型装甲车（8×8）底盘，其炮塔则由“运动衫”防空炮塔改进而来。

按照计划，通用动力公司需要在 1998 年 6 月前交付总共 17 辆 LAV-AD 防空装甲车。

基本参数	
车长	6.4米
车宽	2.5米
车高	2.69米
战斗全重	13.2吨
最大速度	100千米 / 小时
最大行程	660千米

作战性能

LAV-AD 防空装甲车以 LAV-25 型 8 轮装甲车为底盘，炮塔是可 360° 旋转的“复仇者”防空系统，集成有速射高炮、防空导弹等武器。该车的主要武器装备是 1 门 25 毫米 GAU 12 / U5 管加特林炮、1 个管 HYDRA70 火箭发射器和 8 枚“毒刺”地空导弹；此外还可加装“九头蛇”火箭发射巢，用于对地火力压制。其配装有传感器、前视红外、昼间电视、激光测距仪和自动跟踪与火控系统；乘员与载员可达 9 人，3 名操控人员中有 2 名负责作战。

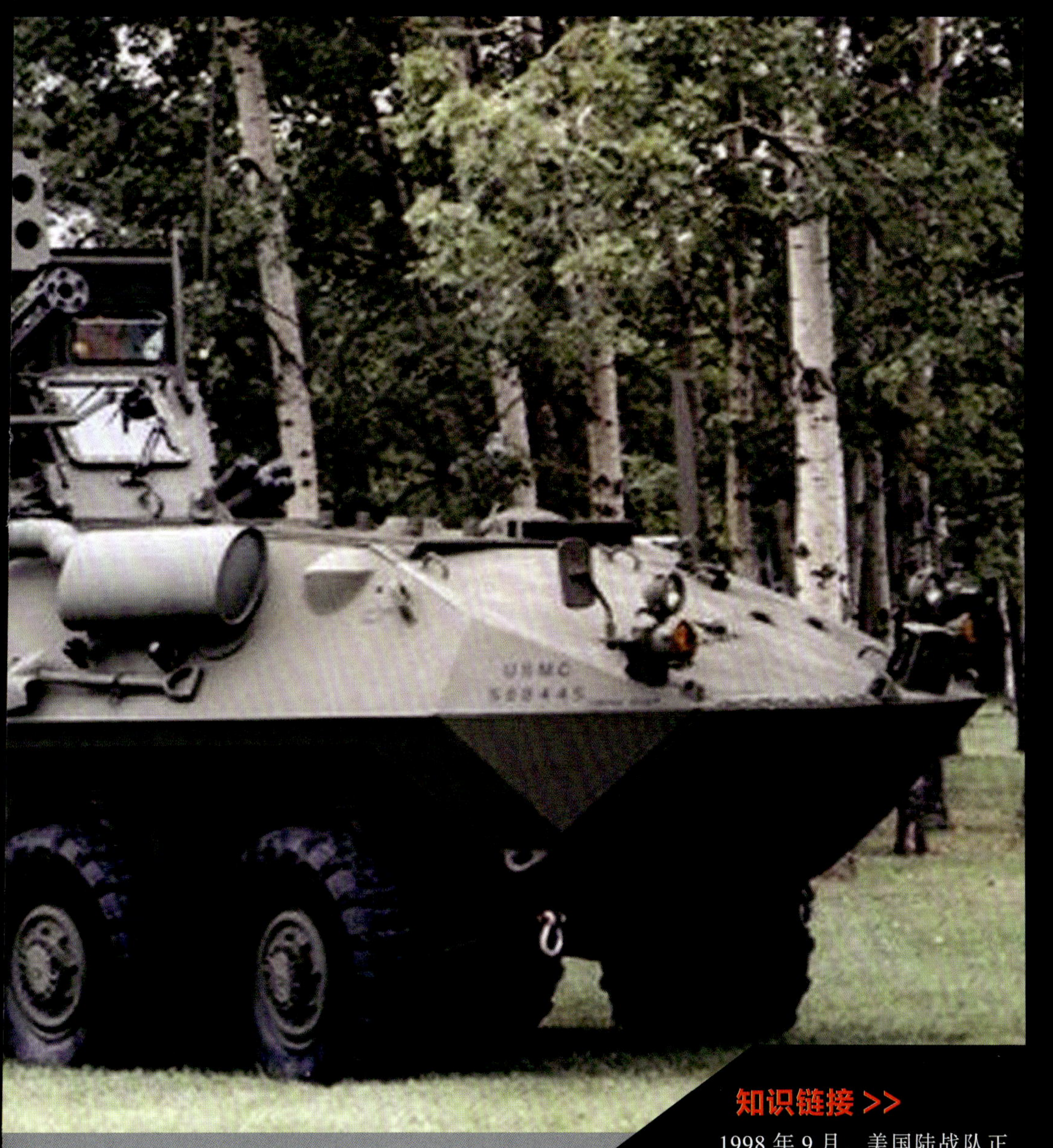

LAV-AD 防空装甲车

知识链接 >>

1998 年 9 月，美国陆战队正式接收了首批 17 辆 LAV-AD 轻型防空装甲车。在使用中，LAV-AD 装甲车具备两栖能力且能由 C-130 运输机运载；既可为陆战队提供伴随性防空保护，又可作为步兵战车，直接为其提供近距离火力支援，是一种名副其实的多功能平台。

MRAP 防地雷反伏击车（美国）

简要介绍

MRAP 防地雷反伏击车是美国部队防御公司于 2003 年之后推出的一种专门用于应对爆炸装置袭击的重型武装车，其外覆加固装甲可有效抵御炸弹和地雷袭击，能在遇到路边炸弹袭击时有效保护乘客和车上关键部位安全。

研制历程

2003 年，美军作战武器从重型装甲履带战车变成装甲较薄的、作战力稍弱的“悍马”战车，并且为其上面覆上装甲。

然而，如果对手创造性地使用了简易爆炸装置，那么“悍马”战车的优势便会锐减，防地雷反伏击战车开始受到关注。美国国防部快速推动战车的研究，目的是装备一种能在地雷遍布的非传统战场进行持续作战的战斗车辆。

在不到 9 个月的时间内，美国部队防御公司就推出了 MRAP 防地雷反伏击车，代号“美洲狮”和“水牛”。其中Ⅰ型又叫“地雷防护功能车型”，Ⅱ型则称为“爆炸物军械处理快速反应车”，Ⅲ型是针对地雷和炸弹（IED）的专用战车。

基本参数	
车长	8.2米
车宽	2.59米
车高	3.96米
战斗全重	20.56吨
最大速度	150千米 / 小时
最大行程	483千米

作战性能

MRAP 的主要特点是在车底全部采用了 V 形导流结构，当遭遇简易爆炸装置袭击时，爆炸产生的冲击波和碎片能通过车底的 V 形导流板向车身两侧分流，使车辆的受损程度降至最低，从而起到保护车辆的作用。MRAP 的标配硬壳式装甲车体，还能够抵御 7.62 毫米步枪子弹的射击，如果通过附加装甲，可进一步抵御 12.7 毫米穿甲弹的射击。

知识链接 >>

2004 年，MRAP 防地雷反伏击车开始装备美军，I 型用于在城市地带和其他受限制地形条件下作战，主要作为火力小组的运送车；侦查部队使用 I 型车上安装的侦查系统开展侦查活动。之后的 Ⅱ 型车主要用来完成车队领队、运兵，以及救护等任务；Ⅲ 型主要就是“水牛”扫雷车。

▲ MRAP 防地雷反伏击车Ⅲ型

“斯特瑞克”装甲车（美国）

简要介绍

“斯特瑞克”装甲车是美国陆军花费18年的时间研制的，于21世纪推出的第一种新型8轮式装甲车，在美军中素有“装甲凯迪拉克”之称。与现役的美军轻型装甲部队装备相比，“斯特瑞克”拥有更强大的火力，防护性能也更出色，并且它与美军重型装甲部队的M1主战坦克和M2“布雷德利”步兵战斗车的灵活性相比更加优异。

研制历程

冷战结束后，多发性地区冲突已成为世界范围内的主要战争形式。二战中称雄一时的重型坦克多数时候并无用武之地，以快速灵活见长的轻型轮式车辆迅速成长为战场的主角。

为此，美国陆军开始制订第三阶段的武力重整计划，旨在作为21世纪美国陆军旅级远征战斗部队装甲主力。最终通用公司在瑞士“食人鱼”装甲车的基础上，为美国陆军研制出了8轮多任务装甲车，以来自“斯特瑞克”家族的2名美国陆军士兵而命名；美国陆军参谋长辛斯基专门为第一辆“斯特瑞克”中型装甲车题词。

基本参数	
车长	6.9米
车宽	2.7米
车高	2.6米
战斗全重	20.56吨
最大速度	100千米/小时
最大行程	499千米

作战性能

“斯特瑞克”装甲车车内有1座40毫米自动榴弹发射器和1挺12.7毫米机枪，也可以加装25毫米机炮，可遥控进行重机枪射击，车内人员不必探出身子就可以开火，有效减少了人员伤亡。同时，多种数字通信和监视设备都可以安装在这些车上，让信息共享实现得更好，使其在小规模地区冲突战斗中使用起来更方便。另外，“斯特瑞克”装甲车可直接由C-17运输机或C-130运输机进行空中运输。

知识链接 >>

由于采用了先进的降噪措施，“斯特瑞克”与过去的“艾布拉姆斯”等主战坦克相比，显著降低了声信号特征，据说相距 60 米 ~ 70 米远也不易听到其发动机的声音。另外，“斯特瑞克”与其他 9 种车型的部件通用率达到 85%，大大降低了该车的使用与维护费用。

▲ “斯特瑞克”装甲车

BTR-40 装甲人员运输车（苏联）

简要介绍

BTR-40是苏联高尔基汽车厂于20世纪40年代采用GAZ-63卡车底盘改装的轮式装甲人员运输车，1950年装备于苏军，也可作为指挥车和侦察车使用。到了20世纪50年代末，苏军中的该车已被新型侦察车取代，但它仍广泛用于世界各地，许多国家将该车用于二线，如交给后备部队。

研制历程

BTR-40研发于1944年，实际就是加长的修改版GAZ-63卡车底盘结合装甲车体。

1944年，正值二战末期，为了给东部战线的苏军提供有力支援，苏联开始在GAZ-63卡车基础上，利用该车的底盘研制装甲人员运输车。该车于1947年定型，由高尔基汽车厂生产，命名为BTR-40。

1950年，该车进入陆军服役，作为装甲人员运输车和指挥侦察车使用。20世纪50年代末，BRDM-1（4×4）在指挥侦察车岗位上取代了该车，因为BRDM-1有较好的越野机动性并且完全两栖。

基本参数	
车长	5米
车宽	1.9米
车高	2.5米
战斗全重	5.3吨
最大速度	82千米/小时
最大行程	285千米

作战性能

BTR-40是敞开的后载员舱结构，可通过车后双开门方便8名坐在车后的步兵上下车。车体左侧存放有备用车轮。驾驶舱顶和车体两侧分别装有1个机枪架。车体刚开始时没有开射孔，在之后生产的车辆中，每侧有3个射孔，每个后门也各有1个射孔。该车没有夜视设备和三防装置，不能在水上行驶。

知识链接 >>

BTR-40 在执行侦察任务时灵活、快速。它的车身有良好的倾斜角度，并有装甲提供保护，集中在前面的部分，后面是一个传统的储藏室。

▲ BTR-40 装甲人员运输车

BTR-50P 装甲人员运输车（苏联）

简要介绍

BTR-50P 是 20 世纪 50 年代后期苏联车里雅宾斯克拖拉机工厂的科金设计局利用 PT-76 水陆坦克底盘研制而成的履带式装甲人员运输车，于 1957 年装备部队，用于装备坦克师属摩托化步兵团。随后出现 BTR-50PA 至 BTR-50PK 一系列改进型。

研制历程

在二战期间，苏军的步坦协同作战主要是采取步兵搭载在坦克上面（炮塔两侧的车体翼子板上）的方式。这种协同作战方式，推进速度虽然提高了，但是在弹雨纷飞的战场上，步兵伤亡的危险性大大增加。这无疑是一种很原始的步坦协同作战方式。

二战后，为了适应核战条件下作战的需要，苏军开始研制专门用于在战场上运送步兵的装甲运输车。同时研制的有两种：一种是轮式的，定型后成为 BTR-152 装甲运输车；另一种便是 BTR-50P 装甲人员运输车。后者这一系列中最著名的，就是 BTR-50P 装甲运输车，由车里雅宾斯克拖拉机工厂的科金设计局于 1954 年研制而成。

基本参数	
车长	7米
车宽	3.1米
车高	2米
战斗全重	14.5吨
最大速度	45千米 / 小时
最大行程	260千米

作战性能

BTR-50P 装甲人员运输车利用的是 PT-76 水陆坦克底盘，所以这种车辆可水陆两栖使用。通过攀登车体两侧可让 20 名步兵上下车辆。车上没有固定的武器，但有的车上装有 1 挺枢轴安装的 7.62 毫米机枪。车体后部有跳板，可用于装载 57 毫米反坦克炮、76 毫米师属火炮或 85 毫米师属火炮，并在后甲板上射击。

▲ BTR-50 装甲人员运输车

知识链接 >>

BTR-50P 装甲人员运输车于 1957 年开始装备苏军。但不久便发现了许多问题，如结构上不合理和使用不便等。最大的问题是舒适性太差：18 名全副武装的士兵，挤在狭小的载员室内，很容易造成疲劳，且不便于指挥。同时 BTR-50 车体较高，对防护性有不利的影响；浮力储备较小，抗风浪的能力较差。到了 20 世纪 60 年代，苏军中的 BTR-50P 便逐步退出现役。

BRDM-2装甲侦察车（苏联）

■ 简要介绍

BRDM-2装甲侦察车是苏联高尔基汽车厂研制的两栖轮式装甲车辆，1966年开始装备苏联军队。截至1980年，共生产了19000辆BRDM-2装甲车及其变型车，其中4500辆出口到阿尔及利亚、安哥拉等世界50多个国家和地区，在一些国家的军队中至今仍可以见到BRDM-2的踪影。它是一种应用广泛的轻型轮式装甲侦察车。

■ 研制历程

20世纪50年代中期，苏联高尔基汽车厂就推出了一种完全两栖的轮式装甲侦察车——BRDM-1，该车于1957年进入苏联陆军服役。

到了20世纪60年代，高尔基汽车厂又在BRDM-1的基础上加以改进，主要包括提升公路和越野性能，全封闭炮塔武装，加强后置发动机，提升两栖能力，升级三防装置和夜视设备等，于1963年左右定型为BRDM-2轮式两栖装甲侦察车。

基本参数	
车长	5.8米
车宽	2.4米
车高	2.3米
战斗全重	7吨
最大速度	100千米/小时
最大行程	750千米

■ 作战性能

BRDM-2装甲侦察车为水陆两用，车前安装有防浪板。车长和驾驶员并排位于车前部，其后方有顶舱门，炮塔无顶舱门。14.5毫米KPVT机枪安装在左侧，而7.62毫米PKT机枪安装在右侧。所有BRDM-2的标准配备包括中央轮胎压力系统、沾染清除包、绞盘和陆地导航系统；车身两侧的两个动力腹轮可降至地面提升越野机动性；另外还有抗核生化系统、红外夜视感官等。

知识链接 >>

BRDM-2 装甲侦察车既可以用4个车轮行驶，也可以用8个车轮行驶，而且8个车轮都能传递动力。因为该车最大特点是前后2个车轮之间有4个辅助车轮（又称腹轮）。这4个辅助车轮由驾驶员在车内操纵其升降，其动力经分动箱由链传动传递。这样一来，当辅助车轮降下时，由于它也能传递动力，应当算作驱动轮，这时理应算是8×8驱动形式。

▲ BRDM-2 装甲侦察车

BMP-1 步兵战车（苏联）

简要介绍

BMP-1 步兵战车是 20 世纪 60 年代中期苏联的设计师研制成功的一款全新型战车，也是世界上第一次成功研制的完全新型车辆，主要装备苏联坦克师和摩步师的摩步团，并且出口到多个国家。

研制历程

二战后，苏联以装甲力量为核心的大纵深作战理论日趋成熟，同时，缺少能够伴随坦克部队突击的机械化步兵这一重大缺陷也凸显出来。随着原子弹的发明和使用，类似的非封闭装甲车及战术注定要被淘汰。于是早在 20 世纪 50 年代，苏联就认识到，是时候装备强化火力的全封闭装甲车辆——步兵战车。

军方的标书下来之后，各大设计局为了争夺这个大订单纷纷拿出了自己的样车。由于当时大家都不明白这样的车该如何制造，由此产生了轮式、轮履混合、履带三种样式，每种都有其特点。1964 年，履带式的 BMP-1 步兵战车胜出定型，1967 年投入生产。

基本参数	
车长	6.74米
车宽	2.94米
车高	2.15米
战斗全重	13.5吨
最大速度	65千米 / 小时
最大行程	700千米

作战性能

BMP-1 战车的主要武器是 1 门 73 毫米的 2A28 低压滑膛炮，在炮塔后下方还拥有自动装弹机构，专门为战斗舱周围的 40 发弹盘供弹，人工装填也可以；配用定装式尾翼稳定破甲弹，可以达到 400 米 / 秒的初速度；采用重型反坦克火箭筒所使用的火箭增程弹时最大飞行速度可达 665 米 / 秒，近射距离 800 米，最大射程 1300 米，射速 8 发 / 分。

知识链接 >>

BMP-1 步兵战车于 1967 年开始入装服役，主要装备于苏联坦克师和摩步师的摩步团，用以取代 20 世纪 50 年代的 BTR-50P 履带式装甲人员运输车和部分 20 世纪 60 年代生产的 BTR-60P 轮式装甲人员运输车。由于该车性能先进，不少国家开始引进和仿制，加之冷战时期苏联的扩张战略，BMP-1 遍布世界各个地区，而且引发了一股仿制热潮。

▲ BMP-1 步兵战车

BMD-1 空降战车（苏联）

简要介绍

BMD 系列空降战车（伞兵战车）是苏联图拉设计局于20世纪60年代专为满足空降部队需求而研发的一个系列空降战车家族。1970年开始装备苏联空降部队，1973年11月首次在莫斯科阅兵式上展出。

研制历程

在二战后直到20世纪60年代初，苏联空降军仅装备ASU-57和ASU-85空降自行反坦克炮，它们属于火力支援兵器。实际上，苏联空降军急需研制一种可空降的突击作战兵器。在此背景下，BMD-1的研制被提上日程。苏联图拉设计局自1960年开始在BMP-1步兵战车的基础上，将其缩小尺寸，降低重量，并且应用空投技术，研制出一种空降战车，1968年定型时，称为BMD-1空降战车或伞兵战车。

该车投产后不断进行改进，主要是用“塞子”反坦克导弹取代原来的“赛格”反坦克导弹，并将轨式发射改为筒式发射；外挂辅助燃料箱以增大行程；用凸起的通风窗盖取代原来的方形三防通风窗盖，以改进通风滤毒性能；采用新型负重轮；进水口有用于阻挡泥沙的格栅等。

基本参数	
车长	5.4米
车宽	2.63米
车高	1.62米
战斗全重	7.5吨
最大速度	70千米/小时
最大行程	320千米

作战性能

BMD-1空降战车可以机降也可伞投，主要武器为1门73毫米低压滑膛炮，射速6发/分~7发/分，在1000米距离上破甲厚度为300毫米，有效射程1300米，弹药基数40发。主炮右侧有1挺7.62毫米并列机枪，弹药基数2000发。该车车顶有AT-3“赛格”反坦克导弹发射轨，备弹3发，射程500米~3000米。车首两侧还各装有1挺7.62毫米航向机枪。该车乘员2人，载员5人，共7人。在水上行驶时由车体后部的2个喷水推进器推进。

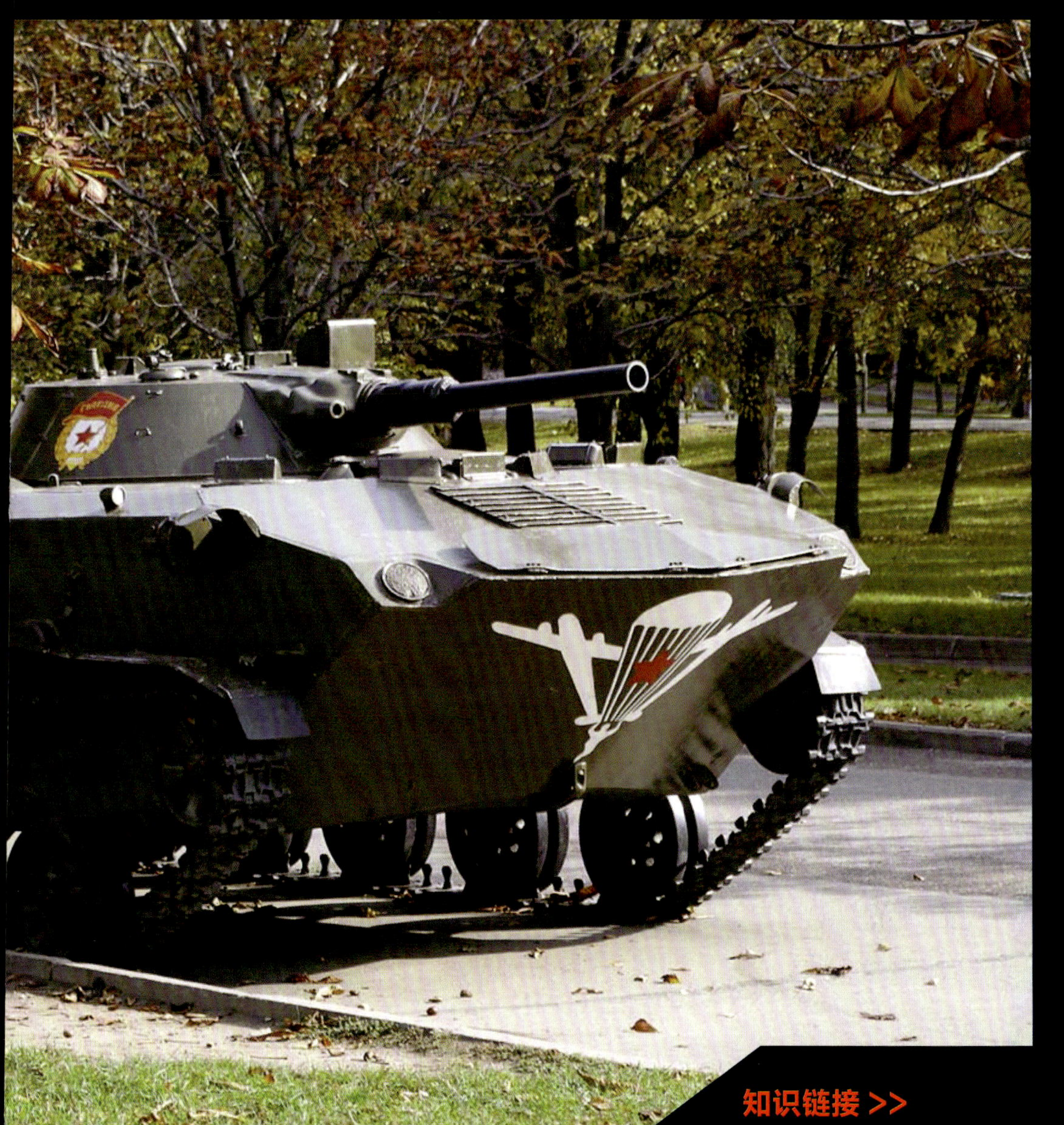

知识链接 >>

1979 年，苏军曾大量使用 BMD-1 空降战车。该车在当时与 BMP-1 步兵战车、BTR-70 装甲车共同承担护送运输车队的任务。在地形多山、峡谷密布、道路条件极差的地区（尤其是高海拔地区），很多桥梁根本不允许太重的车通行，BMP-1 和 BTR-70 面对这种情况根本无法完成任务，所以护送车队要靠 BMD-1。

▲ BMD-1 空降战车

BMP-2 步兵战车（苏联）

简要介绍

BMP-2 步兵战车是苏联国家兵工厂于 20 世纪 70 年代末开始在 BMP-1 的基础上研制的改进车型，在 1982 年莫斯科的阅兵式中首次对公众亮相。相对于 BMP-1，BMP-2 采用了功率更大的发动机，装备的武器也与 BMP-1 有所不同。苏联 / 俄罗斯研制的 BMP-1、BMP-2，以及之后的 BMP-3 步兵战车，堪称是俄罗斯步兵战车“三兄弟”，是世界上最先发展了三代的步兵战车。BMP 系列步兵战车，也是世界上装备数量最多、装备国家最多的步兵战车。

研制历程

1976—1977 年间，俄罗斯国家兵工厂在 BMP-1 的基础上，推出了当时世界上最先发展到第二代的步兵战车，称为 BMP-2，在 1982 年的红场阅兵式上首次向世人展示。相对于 BMP-1，BMP-2 采用了功率更大的发动机，装备的武器也与 BMP-1 有所不同。

1985 年，BMP-2 稍加改良，炮塔两侧披挂着附加装甲，再次出现在红场阅兵式上。

基本参数	
车长	6.74米
车宽	3.15米
车高	2.45米
战斗全重	14.3吨
最大速度	65千米 / 小时
最大行程	600千米

作战性能

BMP-2 步兵战车的主要武器为 1 门 30 毫米高平两用机炮，该炮配用的弹种有曳光榴弹和曳光破甲弹，采用双向单路供弹，可自动装填，也可人工装填；可单发，也可连发。

知识链接 >>

BMP-2 步兵战车，可以通过向排气管口喷射柴油燃料来产生烟幕，这是一种巧妙、廉价，并且几乎取之不尽的抗红外线烟雾源。由于产生的烟雾与排气温度相同，所以烟雾本身温度很高，足以掩盖车辆本身的热特征，可以很好地掩藏其行踪。

▲ BMP-2 步兵战车

BTR-80 装甲人员运输车（苏联）

简要介绍

BTR-80 装甲人员运输车是苏联高尔基汽车厂于 20 世纪 70 年代末在 BTR-70 型轮式装甲人员运输车的基础上改进而来的，于 1984 年开始装备部队，首次公开露面是 1987 年 11 月在莫斯科举行的阅兵仪式上。该车主要装备苏联陆军摩托化步兵团和海军陆战队。

研制历程

20 世纪 60 年代中期，与 BTR-50 同时研发的 BTR-152 逐渐被 BTR-60 装甲运输车取代。这一系列的最后改进型 BTR-60PB 正式装备苏军不久后，结构上不合理和使用不便等诸多问题纷纷暴露。于是 1972 年根据苏联国防部命令，苏联军工企业开始研制 BTR-70 装甲运输车。

到 20 世纪 70 年代末，BTR-70 的二级喷水推进器在使用中问题很多，浮渡时经常被水草、泥浆堵塞，两台发动机和复杂传动装置还造成使用维护和维修巨大的工作量。该车有 3 名车组成员，除此之外还可搭载 7 名乘员。因此，在 BTR-70 的基础上加以改良，即为 BTR-80。

基本参数	
车长	7.7米
车宽	2.9米
车高	2.4米
战斗全重	13.6吨
最大速度	80千米 / 小时
最大行程	600千米

作战性能

BTR-80 装甲人员运输车在其单人炮塔上装有 1 挺 14.5 毫米重机枪和 7.62 毫米并列机枪，还装有防空导弹发射架、8 支自动步枪、反坦克火箭筒、手榴弹和信号弹；炮塔的后部外侧安装 6 个烟幕弹发射器；车体和炮塔装甲能够防御步兵武器、地雷和炮弹破片；车体和炮塔在核生化环境中作战时可迅速密闭。

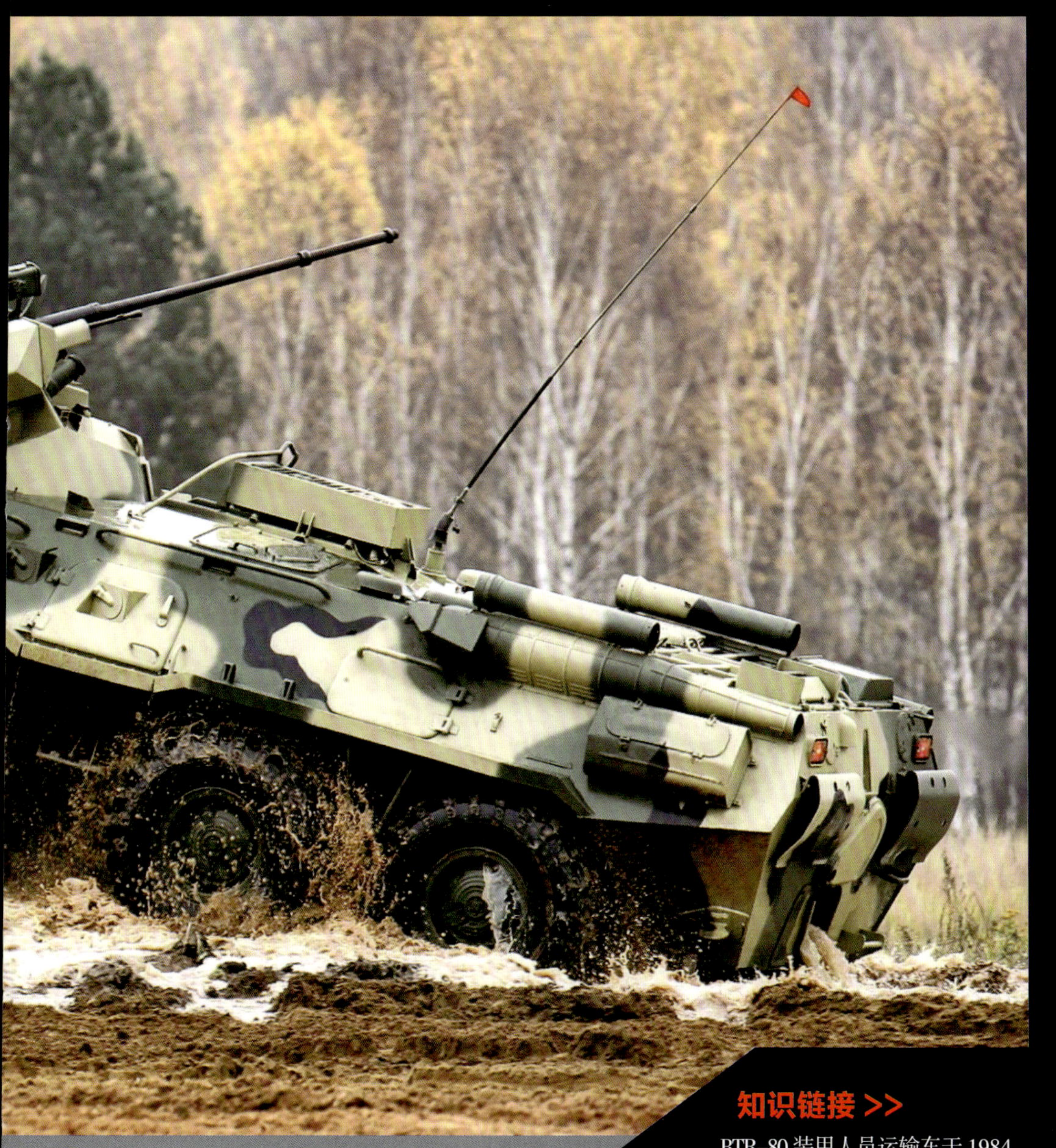

知识链接 >>

BTR-80装甲人员运输车于1984年开始装备部队。该车曾参加过阿富汗战争（1979—1989）、第一次车臣战争（1994—1996）、第二次车臣战争（1999—2002）等，是一款饱受战火洗礼的装甲车辆。

▲ BTR-80 装甲人员运输车

BMD-2 空降战车（苏联 / 俄罗斯）

简要介绍

BMD-2 空降战车是苏联于 1985 年研发，1988 年正式装备其空降军的一款伞兵战车，也是 BMD 系列空降战车的第二代。该车曾参加过车臣战争，并且少量出口于其他国家。截至 2016 年，仍有 1000 辆该型战车在俄罗斯军中服役。

研制历程

在实战中，BMD-1 空降战车虽然发挥了一定的作用，但也暴露出防护能力严重不足的缺点，苏联空降兵曾尝试各种办法来增强其防护能力。

1985 年，BMD-1 的改进型防护性稍有提升，但火力不足的缺点却又显现。因此，苏联方面很快便立项，针对 BMD-1 的这个弱点进行新伞兵战车的研发，使用和 BMD-1 同样的底盘、舱室布置、发动机功率、悬挂方式，但是装备了与当时 BMP-2 步兵战车一样的炮塔，加装了 30 毫米口径机炮。该型战车于 1988 年被推出，称为 BMD-2 空降战车。

基本参数	
车长	5.34米
车宽	2.65米
车高	2.04米
战斗全重	9吨
最大速度	60千米 / 小时
最大行程	500千米

作战性能

BMD-2 空降战车的结构基本上是 BMD-1 空降战车的底盘改进后加上新的炮塔。主炮为 1 门配有双向稳定器的 30 毫米机炮，射速 200 发 / 分 ~ 500 发 / 分，有效射程 4000 米，弹药基数 300 发。火炮右侧装有 1 挺 7.62 毫米并列机枪，弹药基数 2540 发。炮塔顶部安装有 1 具导弹发射架，可发射 AT-4 或 AT-5 反坦克导弹，载弹 3 枚，最大射程分别为 2000 米和 4000 米。车首还有一挺 7.62 毫米航向机枪，弹药基数 400 发。

知识链接 >>

AT-4 是苏军 20 世纪 70 年代中期装备的第二代反坦克导弹，取代了 AT-3，主要用于打击坦克和各种装甲目标，也可用于攻击野战工事等。1975 年前后装备部队。随后，华约国家也相继少量装备，计划逐步取代原装备的“萨格尔”反坦克导弹。

BMP-3 步兵战车（苏联 / 俄罗斯）

简要介绍

BMP-3 是苏联于 20 世纪 80 年代初开始研制的第三代履带式步兵战车。1987 年，BMP-3 步兵战车开始装备苏联陆军和海军陆战队所属的机械化分队和坦克分队。1990 年，BMP-3 步兵战车在莫斯科红场阅兵式上首次公开露面。据估计，BMP-3 步兵战车总共生产 1000 辆，除装备苏联军队外，还出口多个国家，共计 560 辆。

研制历程

BMP-2 步兵战车虽然性能先进，但也存在着火力不强、防护力差等问题，加之其采用的是 BMP-1 的底盘，不能满足苏军的要求。于是，20 世纪 80 年代末期，苏联军方开始计划打造全新的步兵战车，由图拉设计院负责设计。

最初，这种新车型采用“685 项目”轻型车的底盘，配装 2A42 型 30 毫米机炮和 2 具反坦克导弹发射器，但因其武器火力几乎没有提高而被放弃，随后换装了新型 2K23 炮塔系统，配装了新式的武器，得到了苏联军队官方的认可，1987 年定型为 BMP-3 步兵战车，由库尔干机械制造厂开始生产。

基本参数	
车长	7.14米
车宽	3.15米
车高	2.3米
战斗全重	18.7吨
最大速度	70千米 / 小时
最大行程	600千米

作战性能

BMP-3 步兵战车的前装甲相当于 50 毫米钢装甲的防护水平，可防护 300 米以外的 30 毫米穿甲弹攻击，其他部位也可以防护轻武器和炮弹破片的攻击。战车内部装有超压式三防系统、灭火抑爆系统、热烟幕系统，炮塔两侧有两组 81 毫米烟幕弹发射器。其换装了新型 2K23 炮塔系统，配装了 2A70 型 100 毫米线膛炮和 2A72 型 30 毫米机炮各 1 门，以及 1 挺 7.62 毫米并列机枪。

知识链接 >>

2A70 型 100 毫米低膛压线膛炮在世界步兵战车之林中，可以说是独一无二。这种火炮带自动装弹机和双向稳定器，可发射杀伤爆破弹和炮射导弹。火炮和炮塔采用电动操纵装置，必要时也可以手动操纵。发射的杀伤爆破弹是底排弹，弹丸可以不断加速，最大有效射程 4000 米。发射的炮射导弹为 9M117 型，西方称之为 AT-10 反坦克导弹。

▲ BMP-3 步兵战车

BMD-3 空降战车（苏联 / 俄罗斯）

简要介绍

BMD-3 空降战车是苏联伏尔加格勒拖拉机厂于 1989 年推出的苏联空降部队 BMD 系列的第三代，但它不是 BMD-1 和 BMD-2 空降战车的改进型，而是一种全新的车辆。BMD-3 空降战车将 BMP-2 步兵战车的整个炮塔安装在一种新的底盘上，不仅真正实现了人车一起伞降，还使新型空降战车完全具备了两栖能力。

研制历程

20 世纪 80 年代末，在 BMD-2 空降战车投产的同时，苏联就开始研发 BMP-3 步兵战车，空军也跟紧步伐，开始研制第三代空降战车，即 BMD-3。首先是苏联空降兵科研所在无平台伞降系统舍利弗的基础上，为 BMD-3 空降战车研制出了 PBS-950 伞降系统，不需要伞降平台，直接装在战斗车上即可。由于有良好的基础，BMD-3 空降战车很快被研发出来并投入了生产。BMD-3 空降战车于 1989 年投产后，到目前为止，只服役于苏联 / 俄罗斯空降部队。由于历史原因，该型车只生产了 143 辆。

基本参数	
车长	6.36米
车宽	3.13米
车高	2.17米
战斗全重	13.2吨
最大速度	71千米 / 小时
最大行程	500千米

作战性能

BMD-3 空降的战车主武器为 30 毫米机炮，配有 500 发穿甲燃烧弹、260 发榴弹。炮塔顶部装有 1 具反坦克导弹发射架，可发射 AT-4 或 AT-5 导弹。在空降时，每辆 BMD-3 空降战车需要使用 12 个降落伞。载人的伞兵战车着陆后，降落伞自动脱钩，战车即该就能投入战斗，使敌军难以采取有效的反空降措施，特别有利于达成空降作战目标。

▲ BMD-3 空降战车

知识链接 >>

BMD-3 空降战车虽然由于历史原因而停产，但其设计却并未止步。2005 年，俄罗斯展出了在 BMD-3 空降战车的底盘上改装 BMP-3 步兵战车炮塔的 BMD-3M 改型，后来称为 BMD-4 空降战车。2011 年，BMD-4 空降战车的研制工作被迫中断。直到绍伊古出任国防部长，BMD-4 空降战车的研制工作才再次被提上日程。

BTR-90 装甲人员运输车（俄罗斯）

简要介绍

BTR-90 装甲人员运输车是 20 世纪 90 年代早期由俄罗斯阿尔扎马斯机器制造厂研发的最新型战车，2008 年正式装备俄罗斯军队。该车具有很强的火力、机动性和生存能力，可供机械化步兵和海军陆战队执行火力支援、输送人员、监视、侦察和巡逻任务，拥有包括步兵战车、指挥车、控制车、通信车和技术与医疗支援车等多种变型车。

研制历程

20 世纪 90 年代初，苏联宣布解体，但俄罗斯的战车设计研制却并未停步。俄罗斯阿尔扎马斯机器制造厂在 BTR-80 的基础上，开始研发新一代的 8×8 装甲人员运输车。

1994 年，新型装甲人员运输车研制完成，开始定型生产。在苏联卫国战争时期，阿尔扎马斯机器制造厂生产的“嘎斯”卡车是苏联红军摩托化部队的主要装备。1945 年，苏军突击兵团就是乘坐该厂制造的“嘎斯”卡车以迅雷不及掩耳的进攻节奏在行进间占领了德国重镇罗斯托克，打开了通向柏林的大门。所以“嘎斯”卡车成为了苏军取得罗斯托克之战胜利的标志性装备，同时也是该厂的骄傲。为此，在该厂的要求下，新投产的 BTR-90 轮式步兵战车有了“罗斯托克”的代号。

基本参数	
车长	7.6米
车宽	3.2米
车高	2.28米
战斗全重	17吨
最大速度	100千米 / 小时
最大行程	750千米

作战性能

BTR-90 装甲人员运输车的主要武器是 1 门 30 毫米口径的 2A42 型机炮、1 具 AGS-17 榴弹发射器、1 套“竞技神”反坦克导弹系统和 1 挺 7.62 毫米机枪。车体采用的是高硬度装甲钢、全焊接装甲的车体结构。炮塔采用的是防弹铝合金材料加附加钢装甲和复合材料的“三明治”结构，可以抵御 152 毫米炮弹碎片的攻击。在炮塔内配有前视第二代红外探测器、昼 / 夜瞄准镜的火控系统，使得瞄准目标和命中目标更方便。

知识链接 >>

俄罗斯图拉仪器设计局研制的“竞技神”反坦克导弹系统采用合成技术，在飞行的起始阶段采用惯性导航系统；而射程为 40 千米和 100 千米的导弹，则使用无线电控制；在最终阶段采用半主动激光制导。该反坦克导弹的最大特点是可以在陆、海、空三军的 3 种平台上发射，并能摧毁半径 100 千米以内的坦克、装甲车辆、点目标、小型舰船以及低空慢速飞行的目标。

▲ BTR-90 装甲人员运输车

“虎”式装甲车（俄罗斯）

简要介绍

“虎”式装甲车是俄罗斯高尔基汽车厂于20世纪90年代后期开始研发的一款操作简单、稳定性强、针对性好的装甲车辆，2006年开始服役，其生产的主要目的是用于西伯利亚那种寒冷地区以及在一些高原沙漠地带执行任务。

研制历程

1994—1996年第一次车臣战争期间，俄罗斯军队装备的BTR系列装甲车以及UAZ-469B系列轻型指挥车遭到猛烈攻击。BTR-80轮式装甲车也是俄罗斯军队的主力装备，但并没有凸显其应有的打击能力。而原本作为突击北约作战集群的轮式装甲车已经不能够成为作战的主力装备。

于是，1997年，俄罗斯为在西伯利亚那种寒冷的地区，以及在一些高原沙漠地带执行任务，计划再生产一款类似于美国“悍马”装甲车的越野车，最终高尔基汽车厂推出了“虎”式装甲越野车，正式编号为GAZ-233036（即SPM-2）。

基本参数	
车长	4.61米
车宽	2.2米
车高	2米
战斗全重	5.5吨
最大速度	140千米/小时
最大行程	480千米

作战性能

“虎”式装甲车的车体由厚度为5毫米，由经过热处理的防弹装甲板制成，可有效抵御轻武器和爆炸装置的攻击。车顶部设置了2个舱盖，开有1个大尺寸圆形舱门，在舱门四周设有环形枪架，可同时安装1门30毫米自动榴弹发射器和1挺7.62毫米通用机枪；车体两侧开有射击孔，可用于进行对外观测和射击。

知识链接 >>

2001年，“虎”式装甲车优先配发给内务部队，随后开始大规模换装，分批次替换UAZ-469系列军车。至2014年，大约4万台“虎”式装甲车成为俄罗斯特种部队制式装备，不同的改型车被充当警用车、特种攻击车、反坦克发射车以及通信指挥车。由于针对性不同，所以“虎”式装甲车也分为两种型号：一种是警用型，一种是加厚装甲型。

▲ “虎”式装甲越野车

BEAR

“熊”式装甲车（俄罗斯）

简要介绍

“熊”式装甲车是俄罗斯军事工程中心、巴乌曼莫斯科国立技术大学轮式车辆教研室于21世纪初合作研制的新型装甲车辆，2009年春首次对外公布，主要装备于俄罗斯特种部队，用于反恐行动和执行区域防御、向联邦安全局边防机构提供支援等任务。

研制历程

2004年，俄罗斯内务部内卫部队领导人提出要研制一种新型的装甲车辆，要求这种车辆不是已有良好知名度的SPM-1和SPM-2“虎”式装甲汽车的继续改进型，而是全新的车辆。

于是，军事工程中心的设计师们和巴乌曼莫斯科国立技术大学轮式车辆教研室的专家便在BTR-VV试验设计工作的框架内，设计研制了SPM-3“熊”式装甲汽车。试验设计工作的主要目的之一是使新型车辆达到与国外MRAP计划相当的车辆防护水平。

在一年的时间里，工程师测试了该车的强度，使其经受了各种严峻考验，包括用自动武器和SVD狙击步枪顶着射击，测试通过后开始生产。

基本参数	
车长	5.9米
车宽	2.5米
车高	2.6米
战斗全重	12吨
最大速度	100千米/小时
最大行程	1400千米

作战性能

“熊”式装甲车采用独创的分散差动防护，属于俄罗斯6级防弹标准，而按防地雷标准，则属于2级防护。高度的防地雷水平是因为其构造中采用的盒式承重车体具有较高的人员舱配置高度和V形车底；车上安装有BTD烟幕施放系统，能在数秒钟内将车辆隐蔽起来免遭敌人的瞄准射击，并迅速脱离。按照用户的要求，该车还可根据任务安装各种全套特种设备。

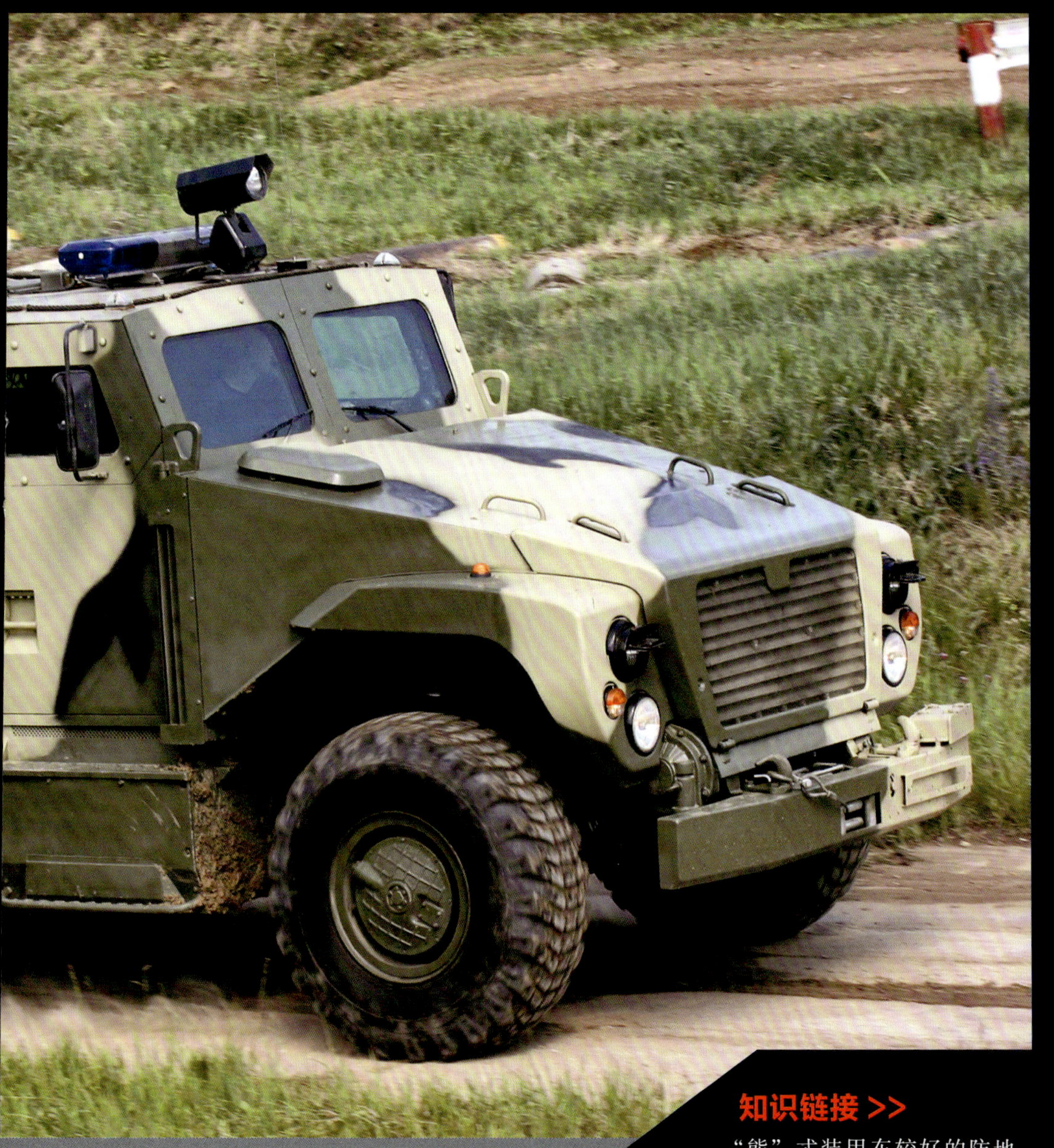

知识链接 >>

“熊”式装甲车较好的防地雷水平，是因为构造中采用的盒式承重车体，具有较高的人员舱配置高度和 V 型车底，轴离地高度为 500 毫米。这甚至比坦克、步兵战车和装甲输送车还高。另外，安装在车上的 BTD 烟幕施放系统，能在数秒内将车辆隐蔽起来。

▲ “熊”式装甲车

T-15 步兵战车（俄罗斯）

简要介绍

T-15 步兵战车是俄罗斯新一代重型步兵战车，使用“阿玛塔”底盘。T-15 的底盘布局与 T-14 的底盘是相反的，发动机位于车的前方，车的正面装甲厚度提高了许多，因为排气口也在前端，而装甲组件想要绕开这个地方，所以 T-15 前端的形状看起来十分奇怪。T-15 的重量超过了许多俄罗斯现役坦克的重量，最大续航里程约 550 千米。

研制历程

俄罗斯原计划用 T-95 主战坦克作为 T-90 主战坦克的继任者，但 T-95 的质量没有达到要求，因而取消了 T-95 的研制计划。与此同时，俄罗斯乌拉尔公司推出了“阿玛塔”通用底盘系统，俄罗斯军方在“阿玛塔”通用底盘系统的基础上，研制出了“阿玛塔”主战坦克，随后以“阿玛塔”主战坦克底盘为基础，搭配已装备的“库尔干人”25 步兵战车的重型无人炮塔，研制出全新的重型步兵战车，作为“阿玛塔”主战坦克的配属装备。

基本参数	
车长	9.5米
车宽	4.8米
车高	3.5米
战斗全重	49吨
最大速度	75千米 / 小时（公路） 50千米 / 小时（坡地）
最大行程	550千米

作战性能

T-15 重型履带式步兵战车是一款用来运送摩托化步兵分队的步兵战车，可以进行所有类型的作战行动，是对步兵进行火力支援的高防护性履带式战斗车辆。T-15 重型履带式步兵战车使用与坦克相同的平台，拥有与坦克同等的防护能力和机动性，这种类型的车辆能够与坦克在同一战线上作战。

▲ T-15 步兵战车

知识链接 >>

该战车以“阿玛塔”坦克底盘为基础，将动力系统前置。动力系统前置后，车首基础装甲厚度肯定不足，于是俄罗斯工程师在“阿玛塔”步兵战车的车首，增加了 2 块大型整体附加装甲，形成了楔形车首，附加装甲与基甲之间空隙颇大，这可以进一步提高对破甲弹的防御效果。

KURGANETS 25

“库尔干人”25 步兵战车（俄罗斯）

简要介绍

“库尔干人”25 步兵战车是一种新的中型履带式战车通用平台。俄罗斯军方计划以此为基础研发步兵战车、空降战车、履带式装甲运兵车、反坦克自行火炮等系列战车。

研制历程

“库尔干人”25 步兵战车是在“阿玛塔”通用底盘系统平台上，研制生产的一种中型步兵战车。“库尔干人”25 步兵战车的设计风格向西方靠拢，车体高大，乘坐舒适性比之前的步兵战车大有提高，重量达到 25 吨，悬挂系统采用 7 对负重轮，作战时还会加挂厚重的附加装甲，估计其战斗全重将接近 30 吨。

“库尔干人”25 步兵战车革命性地采用了无人炮塔设计，配备 1 门全稳定式 2A42 式 30 毫米双路供弹自动炮，备有 160 发穿甲弹和 340 发穿甲榴弹，最大有效射程为 4 千米；PKTM 7.62 毫米机枪位于 2A42 式自动炮左边，有 2000 发备用弹，最大有效射程 1 千米。重型炮塔两侧各设置了 2 具“短号”反坦克导弹发射筒。

基本参数	
战斗全重	30吨
最大速度	80千米 / 小时（公路） 10千米 / 小时（水上）

作战性能

“库尔干人”25 步兵战车每小时可以行驶 80 千米，比 BMP-2 和“布雷德利”都快。“布雷德利”步兵战车的速度为每小时 50 千米。此外，“库尔干人”25 还保留了 BMP-2 的涉水能力，能以每小时 10 千米的速度在水中推进。不过，“库尔干人”25 的载客量下降到 6 人 ~ 7 人的小队。一个 6 人的小队可能难以履行常规的步兵任务。

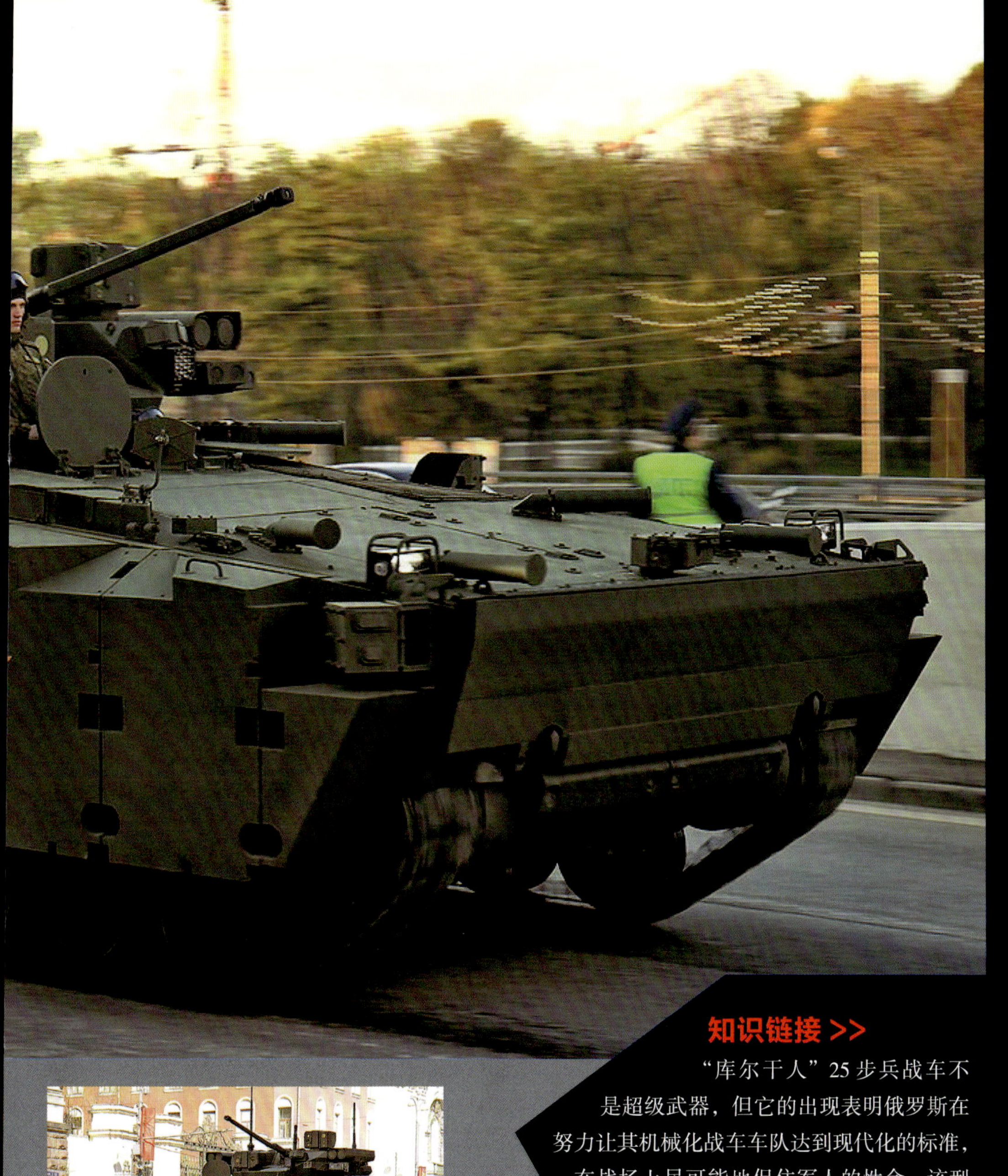

知识链接 >>

“库尔干人”25 步兵战车不是超级武器，但它的出现表明俄罗斯在努力让其机械化战车车队达到现代化的标准，在战场上尽可能地保住军人的性命。该型车所装备的主动防护系统和出色的反坦克导弹，将迫使其他步兵战车在这两项性能上向它看齐。

▲ “库尔干人”25 步兵战车

“回旋镖”装甲运兵车（俄罗斯

简要介绍

“回旋镖”装甲运兵车是俄罗斯研制的新一代轮式装甲运兵车，用于取代已逐渐老迈的BTR-80系列车。“回旋镖”的设计风格更偏重防护，车体高大，强化了防护能力。该车可用于人员输送和火力支援的通用作战平台，可独立穿越水障，摧毁敌方有生力量、反坦克兵器以及轻型装甲装备。

研制历程

2011年11月11日，俄罗斯国防部购买了1500辆～1700辆意大利生产的LMVM65“猞猁”装甲汽车，其价格因型号不同而不同。在购买成车的同时，俄罗斯方面还购买了该型车的发动机、底盘及相关部件的生产技术，用于开发本国“回旋镖”装甲运兵车。

该车采用模块化设计，步兵战车是其基型车，在此基础上可以改装成装甲运输车、装甲指挥车、自行火炮、通信车等变形车，形成一个轮式装甲车族和履带式装甲车族，便于统一后勤维护。在2015年5月9日的阅兵式上，“回旋镖”装甲运兵车首次亮相。

基本参数	
主武器	1台“回旋镖”-BM遥控炮塔
装甲	陶瓷复合装甲
战斗全重	20吨
最大速度	95千米/小时

作战性能

“回旋镖”装甲运兵车的发动机、无人炮塔与“库尔干人”25步兵战车通用。这说明其装甲防护、火力水平都与“库尔干人”25一致。在火力上，其装备的1门30毫米机炮、1挺7.62毫米机枪和4枚反坦克导弹远强于“斯特瑞克”之类的轮式步兵战车，所用的“短号”反坦克导弹性能较好。

▲ “回旋镖”装甲运兵车

知识链接 >>

“短号”反坦克导弹是俄罗斯的轻型第三代反坦克导弹，由俄罗斯图拉仪器设计制造局研制，用于取代有线制导的第二代 AT-5 反坦克导弹。“短号”反坦克导弹虽然属于反坦克武器，但实际上却是战场“多面手”，其除了具有较强的破甲能力，还可用来攻击各类野战工事，也能对付战术导弹和防空导弹、机场飞机和水面舰艇等目标。

SDKFZ251装甲人员运输车（德国）

简要介绍

SDKFZ251装甲人员运输车是德国博格瓦德公司于20世纪30年代后期研制成的一款半履带中型车。该车装备部队后立即参加了1939年德军对波兰的入侵。在二战中，它几乎参加了德军的每一次军事行动，并以其20余个衍生型号，成为战时德国最具代表性的装甲车。

研制历程

在二战中，除美国外的另一个半履带装甲生产大国就是德国。在20世纪30年代世界大战前德国重整军备的过程中，为了能够在多兵种合成运动战（俗称闪电战）中使步兵在战役（乘车机动）和战术（乘车作战）层面都能够跟上坦克的机动速度，德国发现应该使用一种轻型战车伴随坦克群，用于步兵、炮兵或工兵等辅助力量的行动。

在此初衷下，博格瓦德公司在几年时间内研制出了针对这种需求的装甲人员运输车，1937年定型为SDKFZ251，次年即投入生产。之后有22种变型车，其代号为SDKFZ251后加斜杠（/）和数字加以区别，形成了一个庞大的装甲车家族。

基本参数	
车长	5.8米
车宽	2.1米
车高	1.8米
战斗全重	8.5吨
最大速度	53千米 / 小时
最大行程	300千米

作战性能

SDKFZ251装甲人员运输车配备2挺7.92毫米机枪，该机枪被装在了车体顶部的前面和后部。该车的发动机放在了车体前部，以便在车体后面开设尾门。为了使驾驶员有更广阔的视界，发动机室顶部的倾斜度被特意加大。该车的装甲厚度为7毫米~12毫米，能够防御枪弹和炮弹破片的攻击。车内配备驾驶员和车长，还可容纳10名士兵。在伴随坦克作战时，它搭载的这些步兵可以消灭敌方反坦克士兵，从而保护己方坦克的安全。

知识链接 >>

SDKFZ251 装甲人员运输车为使驾驶员有宽阔的视界，特意加大了发动机室顶部的倾斜度。传动装置有 8 个前进挡和 2 个倒挡，行动部分的前部为轮式，后部为履带式。车体每侧有 6 个负重轮，主动轮在前，诱导轮在后，负重轮交错排列。履带为带橡胶垫的金属履带。在公路上行驶时，用前轮来转向，在越野时用“科莱特拉克”转向机构来转向。

▲SDKFZ251 装甲人员运输车

LANG HS.30 步兵战车（德国）

简要介绍

1956 年，一种新式的装甲兵器在德国诞生，这就是 LANG HS.30 步兵战车，这也是世界上第一种步兵战车。

HS.30 步兵战车是德国年轻的摩步兵部队的首批装备，1959—1962 年，共装备了 2176 辆。因为在研制过程中必须考虑到不断改变的要求，加之未经广泛试验便大批投入生产，因此部队对 HS.30 步兵战车并不太满意。有鉴于此，在 HS.30 步兵战车投产之初，作战指挥部就确定了研制新一代步兵战车的要求。

研制历程

20 世纪 50 年代中，德国提出“部队完全机械化”的建军方针，寻找一种拥有较强火力和高机动性的装甲输送车。美国提供 M59 履带式装甲输送车，但德国方面认为其火力太弱。同时期，英国有一款名为“萨拉逊”的轮式装甲车，可搭载一门 20 毫米“厄利孔”机炮，但德国人只想要履带式。

后来，德国偶然了解到瑞士正在研发一款自行高炮，靠履带行进。德国方面要求在自行高炮的基础上研发一辆履带式装甲车，新车正式被命名为“HS.30”。

基本参数	
车长	5.56米
车宽	2.54米
车高	1.85米
战斗全重	14.6吨
最大速度	58千米 / 小时
最大行程	270千米

作战性能

HS.30 车体的右前部安装一个单人炮塔，装备了一门 HS820 型 20 毫米机炮，可发射特制穿甲弹和高爆破片弹，辅助武器则是 1 挺 MG3 机枪，在车体后部安装了 1 门美制 M40A1 型 106 毫米炮。在装甲防护上，HS.30 车体由数块厚度不一的均质钢板焊接而成；在电子设备上，配备了微光夜视仪。

知识链接 >>

1959 年，HS.30 装甲车正式批量列装于德国陆军，但其在接下来的几年内不断出现故障，其本身设计缺陷也很严重，再加上当初德国军方的采购订单数量庞大且政府坚持继续购买该型装甲车，因此当时的人们都认为这是一场采购丑闻。

▲ LANG HS.30 步兵战车

TPZ-1 装甲人员运输车（德国）

简要介绍

TPZ-1 装甲人员运输车是德国蒂森机械制造厂于 1964 年开始研发的战后第二代中吨位轮式两栖装甲车辆。该车于 1979 年开始入德军服役。德国方面在 1991 年向以色列、英国和美国提供了这种装甲车改装的三防侦察车。

研制历程

1964 年，德国陆军提出发展战后第二代中吨位（3.5 吨 ~ 10 吨）轮式车辆的要求，驱动型包括 4×4、6×6 和 8×8 的装甲车和战术卡车；所有车辆都应能水陆行驶，并尽量采用民用部件，以降低车辆成本。

同年，德国蒂森·亨舍尔公司、曼公司等 5 家公司组成了总设计局，决定联合研制样车。戴姆勒－奔驰公司虽未参加总设计局，但在 1966 年也开始独立研制新型轮式车，并最终中选。

1977 年，德国陆军同蒂森机械制造厂签订合同，经戴姆勒－奔驰公司的特许，开始生产 TPZ-1 型装甲人员运输车的样车，该车代号“狐狸”。

基本参数	
车长	6.8米
车宽	3.9米
车高	2.3米
战斗全重	19吨
最大速度	105千米 / 小时
最大行程	800千米

作战性能

TPZ-1“狐狸”装甲人员运输车采用钢板焊接的硬壳车体结构，并且局部采用间隙装甲。车体装甲有适当角度，能够防枪弹和弹片，而且还可水陆两栖使用。该车的武器可根据任务需要选用，不仅可以在车长兼副驾驶员上方安装 1 挺 MG3 7.62 毫米机枪，还能安装 1 门 Rh202 式 20 毫米机炮，有 150 发待发弹。

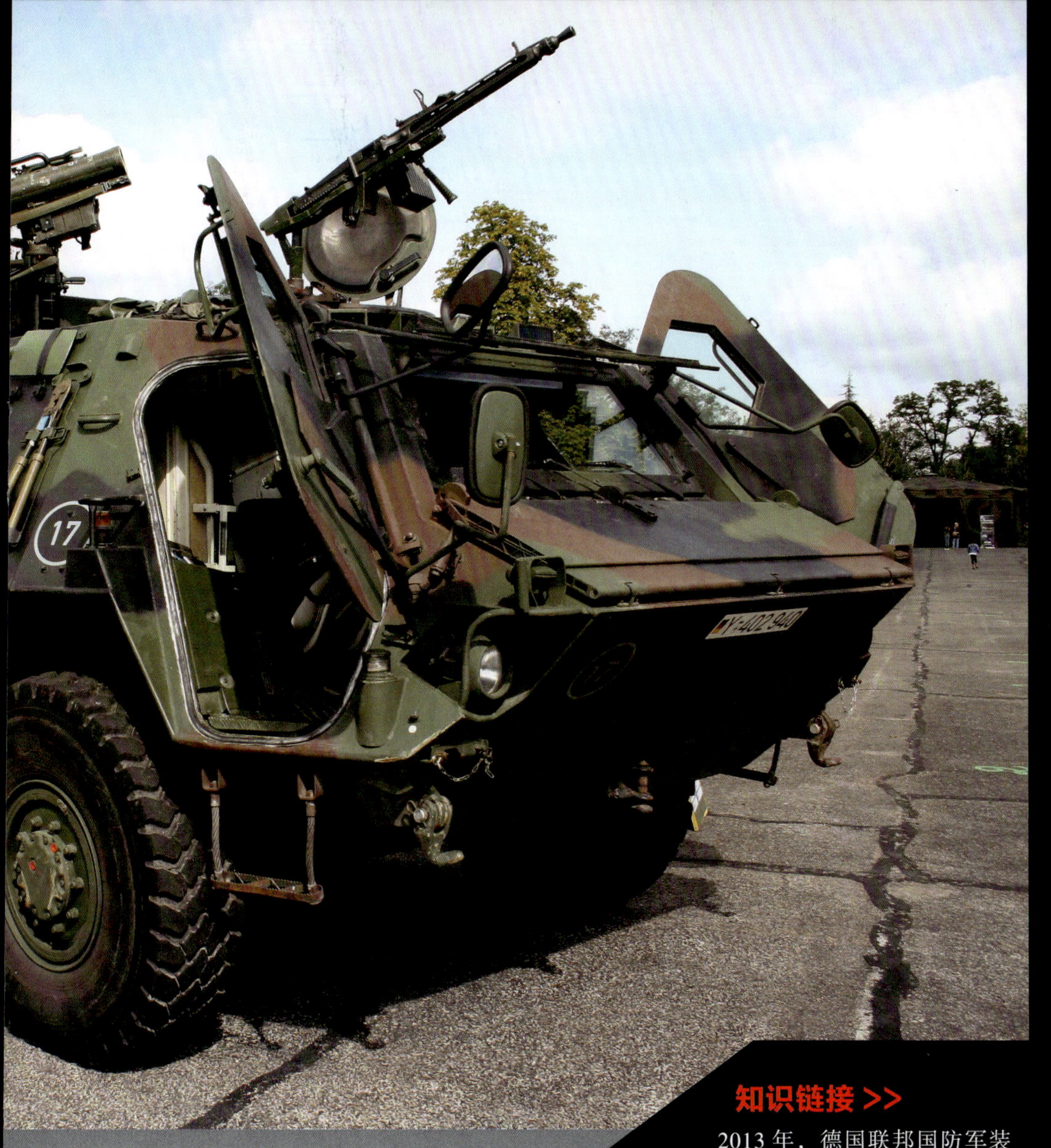

知识链接 >>

2013 年，德国联邦国防军装备、信息技术和现役支持办公室为支持海外部署行动和国内训练，再次与莱茵金属公司签订合同，为德国国防军改造 25 辆 TPZ-1 “狐狸” 装甲人员运输车，其中 7 辆为配备了高频 HRM 无线电系统的 HRM 通信变型车，5 辆是指挥与火力控制变型车，还有 4 辆作战气象变型车，6 辆装甲侦察车以及 3 辆爆炸品运输车。

▲ TPZ-1 装甲人员运输车

MARDER

“黄鼠狼”步兵战车（德国）

简要介绍

“黄鼠狼”步兵战车是德国莱茵钢铁集团于20世纪60年代研制的，于1969年4月正式批量生产，1970年进入德国陆军服役的，世界上最重的步兵战车之一。从1979年起，该款步兵战车经过多次改进。改进后的新型车分别被命名为“黄鼠狼”A1、A1A、A2和A3型，等等。

研制历程

1960年，为满足德国陆军的需求，莱茵钢铁－哈诺玛格公司、亨舍尔公司和瑞士莫瓦格公司着手研制一种步兵战车。1961—1963年制造出两批样车后，由于优先发展反坦克炮和多管火箭炮，该车的研制工作曾一度停滞。

1966年恢复研制工作，德国军方正式提出设计要求。1967年，根据军方的要求，开始第三批和最后一批样车的制造。在对上述三家公司生产的样车进行测试后，预生产车型于1968年完成。1969年，莱茵钢铁集团被选为主承包商，同年5月，其生产的新型战车被命名为“黄鼠狼”步兵战车。

基本参数	
车长	6.8米
车宽	3.4米
车高	3.1米
战斗全重	33.5吨
最大速度	65千米/小时
最大行程	500千米

作战性能

“黄鼠狼”步兵战车采用钢焊接装甲的车体结构，能够防御炮弹破片和枪弹，前部可防20毫米机炮炮弹，有三防装置。该车的炮塔上装有1门外置式20毫米MK20 Rh202机炮，可用3种不同的炮弹从左、右、上3个方向供弹，以便于炮手根据不同的目标适时送弹；辅助武器是1挺7.62毫米的MG3并列机枪和1挺遥控式7.62毫米MG3机枪。

知识链接 >>

1970 年 12 月，首批生产型“黄鼠狼”步兵战车进入德国陆军服役。到 1975 年，该车预订的产量已全部完成，但底盘仍在莱茵钢铁公司的工厂继续生产，用于改装“罗兰德”Ⅱ型防空导弹发射车，直到 1983 年生产工作才结束。另外，从 1979 年起，该款步兵战车经过多次改进，衍生出了“黄鼠狼”A1、A1A、A2 和 A3 型等多种变型车。

▲ “黄鼠狼”步兵战车

BIBER

“海狸”装甲架桥车（德国）

简要介绍

“海狸”装甲架桥车是由德国克罗克纳－霍姆伯特－道依茨公司于20世纪70年代研制成功的装甲车。该车车体基本与“豹”Ⅰ主战坦克相同，具有相当的机动性、防护力和大部分相同的部件，能保障50吨级的装甲战斗车辆和其他技术装备通过20米宽的壕沟或河川，在紧急情况下也可通过60吨级的车辆。

研制历程

1965年，当“豹”式坦克批量投入生产并陆续装备部队时，德国就提出了利用该坦克改装架桥车的问题。根据德国国内地形的情况，设计人员认为应当设计至少能克服20米宽障碍的架桥车。

1969年，参与竞争的各公司都开始了研究，试制了以“豹”式坦克为底盘、桥体的A和B两型平推式架桥车。A型架桥车在1970年开始的技术考核中被淘汰，剩下的是由克罗克纳－霍姆伯特－道依茨公司研制的B型架桥车。

1971年7月至9月，德国国防军对B型架桥车进行了部队试验，同年10月又对其进行了道路试验，12月获准进行批量生产，并被德国国防军正式命名为“海狸”。

基本参数	
车长	11.82米
车宽	4米
车高	3.55米
战斗全重	45.3吨
最大速度	62千米/小时
最大行程	450千米

作战性能

“海狸”装甲架桥车的桥体用铝合金制成，桥长22米，桥体用铝合金制成，桥分两节，双层固定在车上。该桥的优点是架桥时桥体水平伸出，可伸缩式悬架从桥内伸出，使桥始终水平地向前伸展，为在不利地形条件架桥创造良好的隐蔽性，这种桥可架在有10%坡度的地面上，对岸可比架设端（近岸）高或低2米。该车架设过程为：架桥车接近壕沟或河流时先

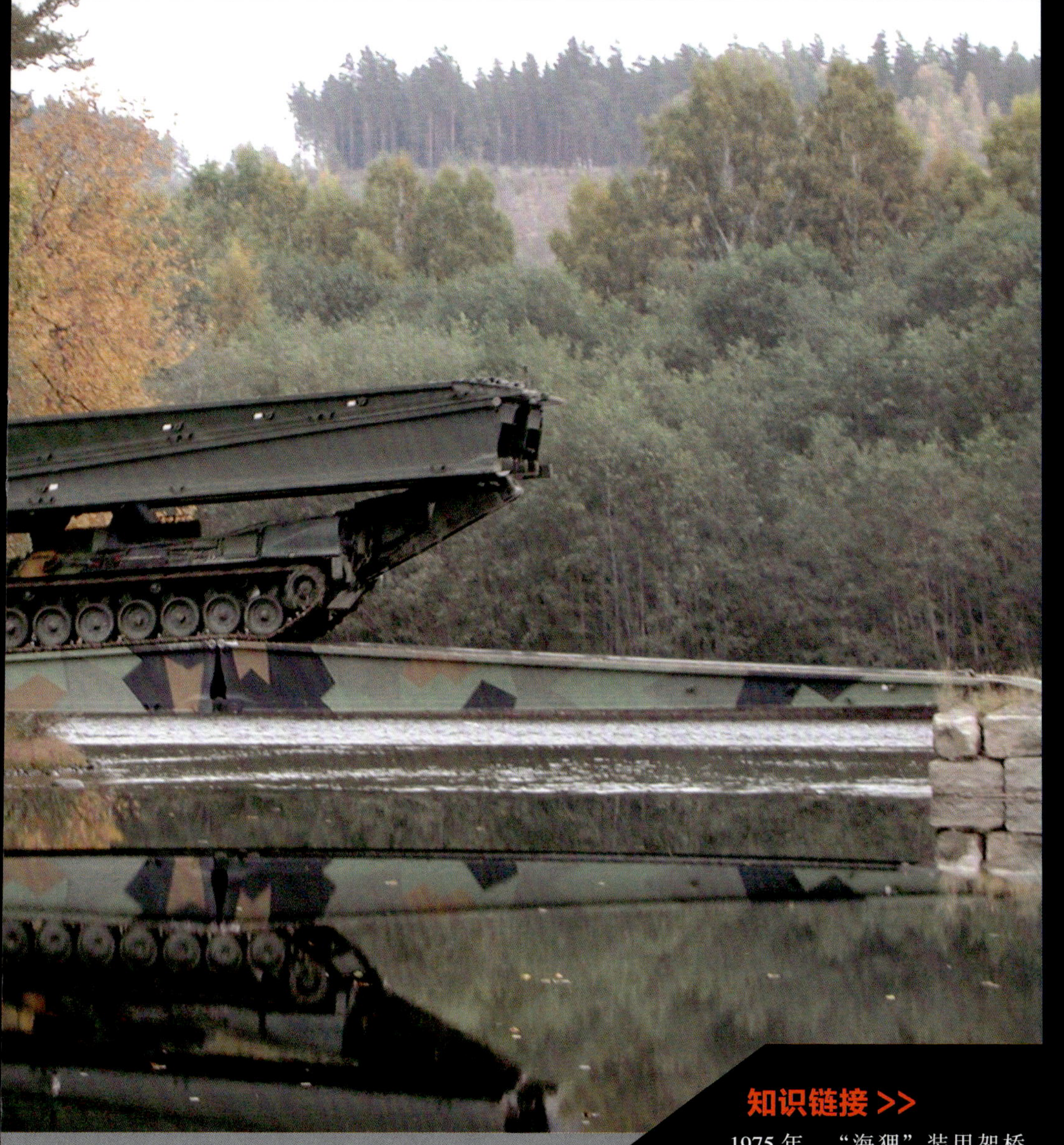

使车体前面的推土铲落地以支撑车辆，下半节桥向前滑动直至其端部与上半节桥端部对齐为止，之后两节桥连锁在一起，展在壕沟或河流上方。桥降低到位，这时悬架臂缩回，然后提升支撑铲到位。收桥可在任意一端进行。架设过程采取半自动操纵，全部动作都可以通过机械操纵的控制阀由液压系统完成，电控限制开关能准确地终止每一个架桥动作，从而达到整个架设过程的半自动化，必要时还可手动操纵。

知识链接 >>

1975 年，“海狸”装甲架桥车已成批装备于配备“豹”式坦克的德国部队，以替换 M48 架桥车。另外，该车还受到了其他国家的青睐，出口装备于澳大利亚、加拿大、荷兰、丹麦、意大利等国的陆军中。

LUCHS

“山猫”两栖装甲车（德国）

简要介绍

“山猫”两栖装甲车是德国戴姆勒－奔驰公司（一说莱茵金属地面系统公司）于20世纪60年代末开始研制的水陆两用轮式装甲车辆，具备完全两栖能力，由车尾安装的两具推进器推动。1975年开始服役时，“山猫”拥有供所有乘员使用的红外线夜视仪，但现在已被热成像夜视设备取代。

研制历程

20世纪60年代后期，德国军方为取代美制H41轻型坦克和SPZ 11–2型侦察车，由联合开发局和戴姆勒－奔驰公司各研制了9辆8×8水陆两用侦察车，并分别于1968年4月和12月交付特里尔实验基地进行试验。

经过两年的全面试验，1971年德国国防部决定采用奔驰公司的产品，并与蒂森－亨舍尔公司签订了生产合同，官方定名为“山猫”。第一批产品于1975年5月完成。

“山猫”两栖装甲车为全焊接钢结构。车体和炮塔的正前面可防20毫米弹丸袭击。驾驶员的舱盖前边有3个潜望镜，中间1个可换为被动夜视潜望镜。炮塔采用间隙装甲。车长位于左侧，炮长位于右侧，两者各有1个PERIZ–11A–1瞄准镜；与主炮随动的探照灯可以红外方式使用；火控系统有1个方位指示器。

基本参数	
车长	7.7米
车宽	3米
车高	2.9米
战斗全重	19.5吨
最大速度	90千米/小时
最大行程	730千米

作战性能

“山猫”两栖装甲车主要武器为1门20毫米火炮，系双向供弹，弹壳和弹链从炮塔右侧抛出；另外还有1挺7.62毫米高射机枪和炮塔两侧的各4具烟幕弹发射器。

知识链接 >>

“山猫”两栖装甲车自 1975 年开始交付，仅装备于德国陆军。从 1982 年开始，其红外线夜视仪逐渐改换为热成像夜视设备。进入 21 世纪后，“山猫”两栖装甲车逐渐被新出现的“非洲小狐”（4×4）装甲侦察车取代。

▲ “山猫”两栖装甲车

JAGUAR I

"美洲虎"I自行反坦克导弹发射车（德国）

简要介绍

"美洲虎"I自行反坦克导弹发射车是20世纪60年代由德国莱茵金属公司研制的一款重型装甲车辆。其自1978年开始服役，主要装备于德国和比利时的陆军。之后又经过二三十年的演化，该型战车的火炮和装甲性能都大大增强。

研制历程

20世纪60年代，德国军方要求装甲车在保持高度的越野机动性能的同时，增加其防护和火力作用，除装备1门～2门中小口径火炮及数挺机枪外，开始着重研发装有反坦克导弹的装甲车辆。于是，莱茵金属公司开始研制样车。

1967—1968年，哈诺玛格公司和亨舍尔公司共计生产了370辆战车，两家公司生产的车型各自采用本公司更早生产的90毫米JPZ4-5自行反坦克火炮发射车的底盘。

之后10年间不断改进，在1978年至1983年间生产了316辆基准车型战车。同时，在车体前上方和战斗舱侧面加装了附加装甲以增强对破甲弹的防御能力。这种改进后的车型，被官方称为"美洲虎"I自行反坦克导弹发射车。

基本参数	
车长	6.61米
车宽	3.12米
车高	2.54米
战斗全重	25.56吨
最大速度	70千米/小时
最大行程	400千米

作战性能

"美洲虎"I自行反坦克导弹发射车的战斗舱位于车体前部，战斗舱顶部左侧是"霍特"反坦克导弹发射架，可以缩进车体内。相对低矮的动力舱后置，战斗舱正面和侧面装有镶嵌式装甲。在车体右侧有1挺7.62毫米MG3前机枪；装于车长指挥塔的1挺7.62毫米机枪用于防空，8具向前发射的电击发76毫米烟幕弹发射器装于车后。

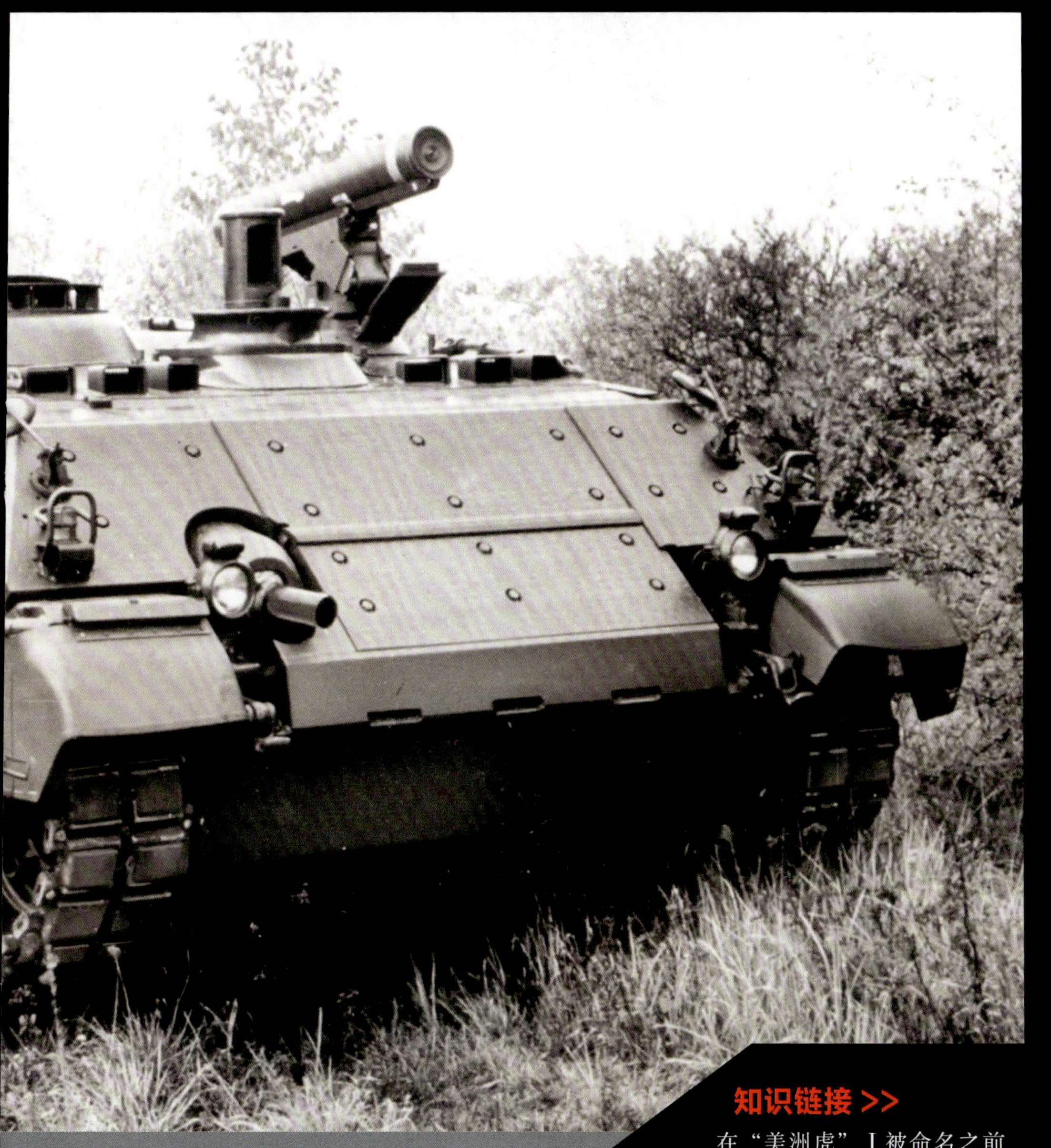

知识链接 >>

在“美洲虎”Ⅰ被命名之前的1967年，其前型车已经开始装备德国和比利时的陆军。后经二三十年的演化，该战车的火炮和装甲性能都大大增强。至1985年的“美洲虎”Ⅱ时，则去掉90毫米火炮，安装了镶嵌式装甲并在车顶安装了“陶”式反坦克导弹发射架。

▲“美洲虎”Ⅰ自行反坦克导弹发射车

WEASEL Ⅰ

“鼬鼠”Ⅰ空降战车（德国）

简要介绍

“鼬鼠”Ⅰ空降战车是德国国防部为装备特遣空降部队而由德国波尔舍公司于20世纪70年代开始研制的履带式装甲车。该车研制用了约20年的时间，1990年首批生产型车才交付部队使用。该车是西方国家研制的唯一能够从飞机空降运输的装甲车。共有约300台“鼬鼠”Ⅰ在德国及北约国家服役。

研制历程

在二战中，德军伞兵因缺乏重型装备而失利。战后，德国在伞兵武器研制方面偏向武器火力和防御性能。

20世纪70年代，德国国防部为装备特遣空降部队，希望研制一种轻型的履带式空降装甲车。保时捷公司承担了这项任务，经过多年努力，于1983年制造出了样车。因安装的武器不同，所以出现了机炮型和导弹型两种样车。

之后通过试验，于20世纪80年代末定型为“鼬鼠”轻型空降装甲车，由莱茵金属公司地面系统分部(当时的马克公司)负责生产。由于之后又有改进型“鼬鼠”Ⅱ，基本型便被称为“鼬鼠”Ⅰ。

基本参数	
车长	3.31米
车宽	1.82米
车高	1.9米
战斗全重	2.8吨
最大速度	85千米/小时
最大行程	300千米

作战性能

机炮型“鼬鼠”空降战车的炮塔上装有1门机炮，火炮与弹药箱之间有双弹链输弹机构；导弹型则安装“陶”式反坦克导弹发射装置。结构紧凑、高机动性是该车突出的特点，除了高速行远外，它可爬坡60°，涉水0.5米，跨越1.2米宽壕沟；从设计之初便考虑到多种用途，因此该车可用作装甲运兵车、指挥车、战场侦察车、反坦克战车、防空战车等。

知识链接 >>

进入 21 世纪后，世界主要军事强国都在积极发展轻型化装甲车辆，先进轮式装甲车大行其道，一些履带式装甲车，尤其是空降战车的重量越来越轻。“鼬鼠”系列空降战车在其中可算得上“微型战车”了。

▲ “鼬鼠” I 空降装甲车

WEASEL Ⅱ

“鼬鼠”Ⅱ空降战车（德国）

简要介绍

“鼬鼠”Ⅱ空降战车是德国莱茵金属公司地面系统分部于20世纪90年代研制的一种设备齐全的多车辆武器系统，由6种不同配置的“鼬鼠”Ⅱ轻型装甲车组成，包括前观车、连级指挥车、火控车、排级指挥车、前沿控制车和120毫米迫击炮装甲车，所有车辆均可用直升机、运输机空运。“鼬鼠”Ⅱ空降战车于1994年开始服役，主要装备德国陆军。

研制历程

在20世纪90年代，德国国防部为了保证其在伞兵武器领域的独特优势，再次提出要加强空降兵装甲力量、增强伞兵装甲车辆的需求。

为了响应国防部的武器需求，德国老牌军火商莱茵金属公司在“鼬鼠”Ⅰ空降装甲车推出后不久，便推出了自己的新产品——“鼬鼠”Ⅱ空降战车。它比“鼬鼠”Ⅰ更长，使用新的更加强大的发动机，此外还有一些升级。1994年，莱茵金属公司完成了第一辆“鼬鼠”Ⅱ空降战车样车。

基本参数	
车长	4.2米
车宽	1.85米
车高	2.44米
战斗全重	3.6吨
最大速度	70千米/小时
最大行程	550千米

作战性能

“鼬鼠”Ⅱ的车体前上装甲倾斜明显，发动机散热窗在左，驾驶员舱盖在右。车顶水平，车长指挥塔外部右侧通常装有1挺7.62毫米机枪。该车车内空间较大，可容纳7名士兵；车轮廓较低，单位地面压力较小，比较适合在雪地和沼泽地上行驶。而其最大的优点，则是所有作战数据都于网络终端进行链接。

知识链接 >>

2006年法国萨托利防务展上，莱茵金属公司地面系统分部首次展出了“鼬鼠” Ⅱ新型网络化迫击炮系统，这是一种基于轻型迫击炮与“鼬鼠”Ⅱ装甲侦察车、C4I 车辆相结合的创新性概念，形成的针对未来作战环境的网络化系统。

▲ “鼬鼠” Ⅱ空降战车

DACHS

“獾”式装甲工程车（德国）

简要介绍

“獾”式装甲工程车是德国克虏伯－马克机械制造有限公司于1981年在改装Ⅰ型装甲工程车和Ⅱ型装甲抢救牵引车的基础上着手研制的新型工程用装甲车辆，1989年开始服役于德国军队，主要任务是松土、起吊重物、开辟渡口、抢救并牵引其他车辆。

研制历程

20世纪60年代末，德国马克公司研制出首款Ⅰ型装甲工程车和由“豹”式抢救车直接发展而来的“豹”式装甲工程车，从此，德国工兵部队开始有了本国独立研制的专用装甲工程车辆。

到了20世纪70年代初，为了使工兵部队在作战区域内更完美地克服水域障碍，德国军方希望得到一种供工兵部队使用的桥梁和渡河系统。在此情况下，Ⅱ型装甲工程车，即两栖装甲车辆应运而生。

1981年，德国在改装Ⅰ型装甲工程车和Ⅱ型装甲抢救牵引车的基础上，着手研制Ⅱ型装甲工程车。1983年，克虏伯－马克机械制造有限公司生产出2辆样车，1984年年初成功地进行首次试验后，又展开了技术和部队试验。1989年年初，新型车被命名为“獾”式装甲工程车。

基本参数	
车长	9.01米
车宽	3.25米
车高	2.57米
战斗全重	43吨
最大速度	62千米/小时
最大行程	650千米

作战性能

“獾”式装甲工程车装有伸缩式挖斗，可挖土，比如平整和填平炸弹坑，为渡河准备入口和出口，构筑土障碍和土墙，清除障碍，钻爆破孔、散兵掩体和地基孔；可装载和起吊，如吊起重物和用回转吊车抢救，推土和用绞盘抢救损坏的车辆及更换车辆部件，将负荷装在平台上。

▲ “獾”式装甲工程车

知识链接 >>

装甲工程车又称战斗工程车，是伴随坦克和机械化部队作战并对其进行工兵保障的配套车辆，基本任务是清除和设置障碍、开辟通路、抢修军路、构筑掩体以及进行战场抢救。有的车还可用于为坦克装甲车辆涉渡江河、构筑岸边进出通路和平整河底，保障战斗车辆渡河。在现代战争中，有装甲工程车的支援和保障，各种战斗武器才能发挥作用。

FENNEK

“非洲小狐”装甲侦察车（德国/荷兰）

简要介绍

“非洲小狐”是由德国克劳斯·玛菲·威格曼公司和荷兰SP航空与飞行系统公司自20世纪80年代开始联合研制的一种轻型4×4底盘的轮式装甲侦察车，经过近20年的努力，于2003年开始装备德国和荷兰军队。该车灵活机动，战场生存能力出色，尤其是先进的侦察系统使它在当今轻型侦察车中一枝独秀。其良好的通用性使它成为轻型多用途武器平台，可以广泛用于侦察、巡逻、反坦克、近程防空，等等。

研制历程

从20世纪70年代起，德军装备了“山猫”轮式装甲侦察车，荷兰则装备了M113系列装甲车和YPR-765型装甲运输车。但随着战争形势的发展，至20世纪80年代，它们已无法满足现代作战需要。因此，德国克劳斯·玛菲·威格曼公司和荷兰SP航空与飞行系统公司开始联合研制一种轻型4×4底盘的轮式装甲侦察车。

经过漫长的研发过程，2000年4月，被命名为“非洲小狐”的新型装甲侦察车才结束了测试和验收工作。2001年12月，荷兰订购410辆“非洲小狐”，从此该型车开始批量生产。

基本参数	
车长	5.7米
车宽	2.59米
车高	1.8米
战斗全重	11吨
最大速度	115千米/小时
最大行程	700千米

作战性能

“非洲小狐”装甲侦察车上装有1个潜望式瞄准镜。另外，还有1台CCD昼间摄像机、1部热像仪及1台激光测距仪。这些观测设备在BAA的探测器头内封装，安装在德国格罗公司生产的伸缩式桅杆上的探测器头，最高可升到车顶之上约1.5米处，能够昼夜进行周视观察。彩色CCD摄像机连接有1台TFT彩色显示器，方便乘员观察和控制。车内可容纳1500千克的装备和生活补给品，3名乘员可连续5天在车内生活和战斗。

知识链接 >>

2003 年 7 月 2 日，首批“非洲小狐”装甲侦察车交付荷兰皇家军队；2003 年年底向德国陆军交付。到 2008 年年底，612 辆“非洲小狐”系列装甲侦察车已全部交付两国陆军。另外，比利时、丹麦等国已经在评估未来采购此种轻型侦察车的可能性。

▲ “非洲小狐”升起侦察设备

DINGO

“澳洲野狗”全防护装甲车（德国）

简要介绍

“澳洲野狗”全防护装甲车是德国克劳斯·玛菲·威格曼公司于20世纪90年代中期自行投资研制的全新概念的轮式装甲车。该车在战场上可扮演多种角色，例如装甲人员运输车、轻型侦察车、指挥控制车、材料运输车、武器运输车、救护车、轻型防空车、导弹发射车和前方观测车等。

研制历程

20世纪90年代初，德国克劳斯·玛菲·威格曼公司开始自筹资金(德国防务技术和采办部的联邦办公室提供了部分研制经费)，研制一种全新概念的装甲车——全防护装甲车。1995年，完成了首款样车的制造。1996年预生产一辆样车，1997年标准化生产了第三辆。

1999年，德国陆军正式与克劳斯·玛菲·威格曼公司签订生产合同，并且将这种装甲车辆命名为ATF，代号“澳洲野狗”。

在2003年时，还衍生出了“野狗”Ⅱ型。同时，德国已经授权美国，允许生产“澳洲野狗”装甲车。

基本参数	
车长	5.45米
车宽	2.3米
车高	2.5米
战斗全重	8.8吨
最大速度	90千米/小时
最大行程	700千米

作战性能

“澳洲野狗”全防护装甲车的重型装甲载员舱在中部，能防护轻武器攻击、炮弹碎片和反坦克杀伤性地雷。车长和驾驶员位于前部，其后有3个座位，所有座位都有完整安全带。德国陆军用车的标准设备包括空气调节系统、加温器、防滑制动系统、GPS导航系统、泄气保用轮胎、通信装置和倒车摄像系统。

知识链接 >>

1999 年，“澳洲野狗”全防护装甲车开始交付德国陆军使用，其优异的表现赢得了军方的青睐。2004 年，德国向以色列出售 103 辆“澳洲野狗”装甲车，部署在约旦河西岸和加沙地区。2005 年，采用梅赛德斯 – 奔驰 U5000（4×4）底盘的首批 52 辆“澳洲野狗”Ⅱ开始交付德国陆军。

▲ “澳洲野狗”全防护装甲车

BOXER

“拳击手”多用途装甲车（德国/荷兰）

简要介绍

“拳击手”多用途装甲车为德国和荷兰共同研制的新一代轮式装甲车。其最吸引人的优点是不变的车体与模块化设计的结合。模块化设计包括驾驶模组和任务模组两大部分。它保持车体不变，后车厢则被分成一组一组的模块。后方空间有14立方米，也便于根据需要改造，通过调整模块，可把原来的人员运输车变成装甲救护医疗车、后勤补给车或装甲指挥车。而更换后车厢模块仅用一个小时就能完成。

研制历程

1990年年初，德国提出了一种新型多用途轮式装甲车战术概念。由于经费不足，于是寻求与其他国家合作研制，但是没有得到响应。于是，德国克劳斯·玛菲·威格曼公司、莱茵金属地面系统公司只好自己先投入研制工作。

1999年11月和2001年2月，英国阿尔维斯·维克斯公司和荷兰斯托克公司加入德国的合作研制计划。2002年12月，克劳斯·玛菲·威格曼公司研制出第一辆原型车。2003年10月，荷兰完成第一辆“拳击手”多用途装甲车样车，该样车为指挥车。

基本参数	
车长	7.93米
车宽	2.99米
车高	2.38米
战斗全重	33吨
最大速度	103千米/小时
最大行程	1050千米

作战性能

“拳击手”多用途装甲车的装甲防护采用了模块化装甲，即由钢和陶瓷组合成的装甲板块，由螺栓加以固定。这种模块化装甲在顶部可抗攻顶导弹，在底盘可抗地雷破坏。“拳击手”可以根据不同国家需要装备武器站或军备，比如可以为1挺7.62毫米或12.7毫米机枪，或1具可在装甲防护下瞄准射击的40毫米自动榴弹发射器。

知识链接 >>

模块化结构体现了车族化、标准化的设计思想。按照研制合同,“拳击手”的基型车为装甲运输车,变型车有:装甲指挥车(德国、英国、荷兰)、装甲修理车(荷兰)、物资运输车(荷兰)、装甲救护车(英国、荷兰)。今后,还可以进一步变型为步兵战车、装甲通信车、炮兵指挥车、炮兵观察车、雷达观察车、迫击炮车、工兵运输车、清障车等。

▲ “拳击手”多用途装甲车

“美洲狮”步兵战车（德国）

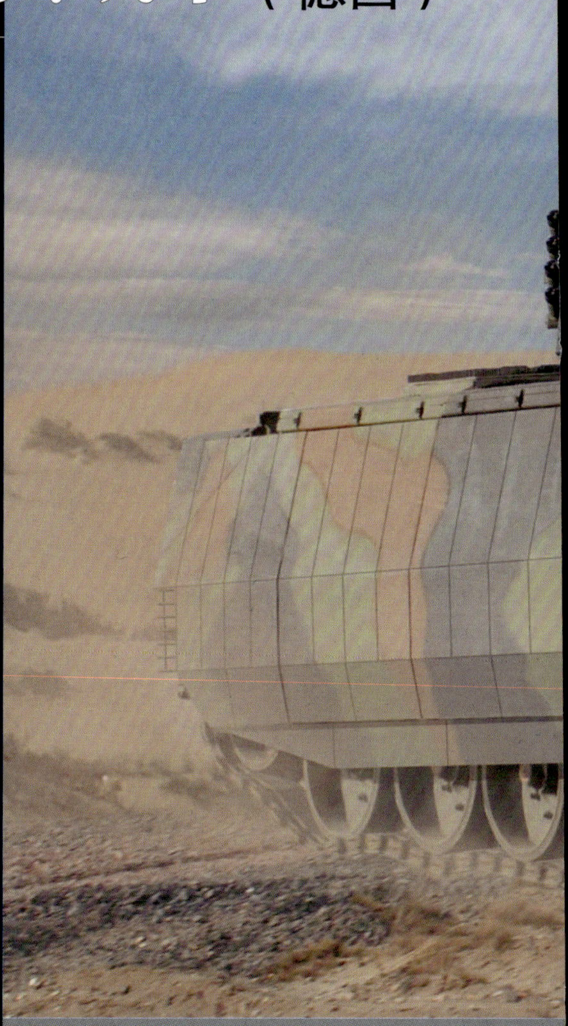

简要介绍

“美洲狮”步兵战车是由德国克劳斯·玛菲·威格曼公司和莱茵金属公司地面系统分公司的卡塞尔工厂于2002年开始研制的一款最新型的履带式步兵作战装甲车。它火力强，采用了较大口径的机炮、技术先进的弹药，以及空运性和实用性的防护装甲，是世界上屈指可数的技术先进、性能优良、设计独特的新型步兵战车。

研制历程

2002年，为了弥补德国陆军所用“黄鼠狼”步兵战车在火力、防护力和机动性等方面的不足，德国联邦议会正式批准普洛捷克特系统和管理集团（PSM）发展“美洲狮”步兵作战车辆。PSM集团由德国著名的克劳斯·玛菲·威格曼公司和莱茵金属公司地面系统分部联合而成。

2005年，“美洲狮”样车的试制和系统演示工作结束。在研制中，为了验证其装甲防护力、武器和弹药及浮渡能力等，最终决定制造3种炮塔和3种车体。2007年，PSM集团交付5辆预生产型，同时根据军方需求开始全面生产该型车，预计该型车将至少服役30年，因其设计具有延长装备时间的潜力。

基本参数	
车长	7.3米
车宽	3.3米
车高	3.1米
战斗全重	29.4吨 / 31.45吨 / 43吨
最大速度	70千米 / 小时
最大行程	700千米

作战性能

“美洲狮”步兵战车装备有遥控武器站，配备毛瑟公司的新型MK30-2 / ABM全稳定式30毫米双路供弹火炮，射程最远3千米；炮塔也可加装MG4式5.56毫米并列机枪。火炮发射30毫米尾翼稳定脱壳曳光穿甲弹或易碎穿甲脱壳曳光燃烧弹；车上还安装有“长钉”中程反坦克导弹发射架。“美洲狮”安装有非常先进的数字化火控系统，车长在作战时拥有“超越射击”能力。

知识链接 >>

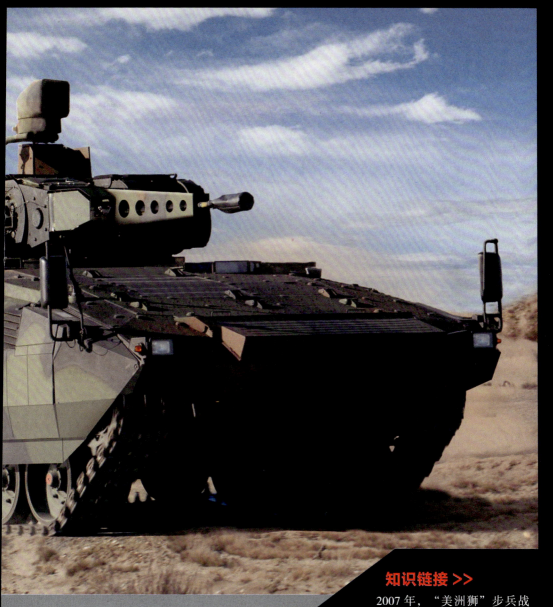

2007 年，“美洲狮”步兵战车首批 390 辆开始入装德国陆军。德国计划制造 1152 辆该型车，用于逐步代替现役的“黄鼠狼”Ⅰ步兵战车，使其成为德国“豹”Ⅱ主战坦克最强有力的作战伙伴、新车族的基型车，可改装为抢救车、120 毫米迫击炮装备车和防空变型车等。

▲“美洲狮”履带式步兵战车射击瞬间

FV603 装甲人员运输车（英国）

简要介绍

FV603是英国陆军在20世纪50年代到60年代初使用的制式装甲人员运输车。FV603于1952年投产后，即入役于英国军队，在20世纪50年代和60年代初，该车一直是英军制式装甲人员运输车。从1963年起，才逐渐被FV432履带式装甲人员运输车取代。

研制历程

二战后不久，英国开始研制FV600（6×6）系列装甲车，第一批3个型号包括FV601装甲车、FV602指挥车和FV603装甲人员运输车。当时由于战争的紧急需要，优先考虑研制FV603型车。

1952年，完成第一辆FV603样车，随即投产并服役。该车拥有几款相当优秀的变型车，如带回流冷却装置的FV603（C）型车，该车适合在沙漠和热带地区行驶。此外还有FV604指挥车、FV610指挥车、FV611救护车等。该型车生产持续到1972年，总计生产了1838辆。

基本参数	
车长	4.8米
车宽	2.54米
车高	2.46米
战斗全重	10.17吨
最大速度	72千米/小时
最大行程	400千米

作战性能

FV603采用的是钢板全焊接的车体结构。驾驶员位于车体前部，车长位于驾驶员的左后方，无线电操作员位于驾驶员右后方。8名步兵面对面分坐在载员舱两侧，上下车辆通过车后2个门，门上开有射孔。车体每侧也开有3个射孔和1个安全门。炮塔盖前半部可向前折叠开启。

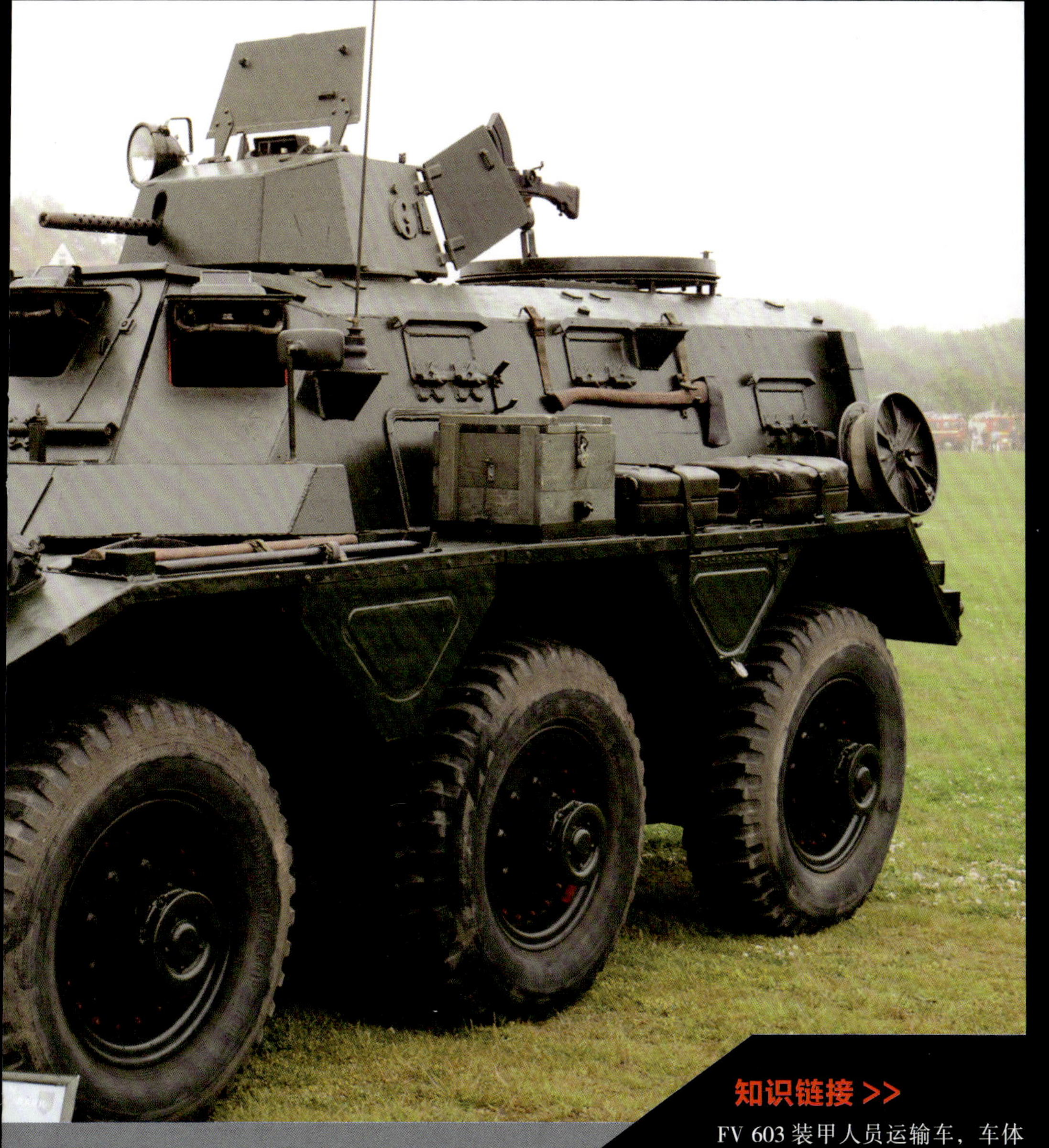

知识链接 >>

FV 603 装甲人员运输车，车体披有 16 毫米厚的轧制均匀装甲，车身的正面和侧面采用了一种带有倾斜角度的设计，这样可以使该车能够抵御当时一般的轻武器攻击。而为了能够最大程度地保护发动机，其外部安装有专门的装甲罩，在散热器前部装有装甲格栅。

▲ FV603 轮式侦察车

FV601 装甲侦察车（英国）

简要介绍

FV601 装甲侦察车是英国在第二次世界大战期间为了取代戴姆勒公司的 HK Ⅱ 和辅助设备公司的 HK Ⅲ 而研制的一款新型装甲车。1959 年，FV601 装甲车开始在英国陆军服役，20 世纪 70 年代后，逐渐被阿尔维斯“蝎”式侦察车取代。其间，阿尔维斯公司还为 FV601 装甲车开发了一种升级套件，包括采用更节省燃料的帕金斯柴油发动机。印度尼西亚曾购买此项升级服务。

研制历程

二战后不久，英国为取代戴姆勒公司的 HK Ⅱ 和辅助设备公司的 HK Ⅲ，开始研制 FV600（6×6）系列装甲车，第一批 3 个型号包括 FV601 装甲车、FV602 指挥车和 FV603 装甲人员运输车。

其中 FV601（6×6）装甲车由当时的阿尔维斯公司为英国陆军研制，该型车与阿尔维斯 FV603 装甲人员运输车共用许多零部件。1959—1972 年间，共生产了大约 1200 辆 FV601。

基本参数	
车长	5.28米
车宽	2.54米
车高	2.39米
战斗全重	11.59吨
最大速度	72千米 / 小时
最大行程	400千米

作战性能

FV601 装甲侦察车炮塔采用的是全焊接结构，炮长和兼任装填手的车长都有 1 个可向后开的舱盖。车长的舱盖前部有 4 个潜望镜，后部有 1 个潜望镜。炮长的舱盖前部有 1 个潜望镜用于瞄准和观察。炮塔座圈之下两侧分别有 1 个安全门；由防火隔板与战斗舱将动力舱隔开。上面安装有灭火系统和火灾报警系统。

知识链接 >>

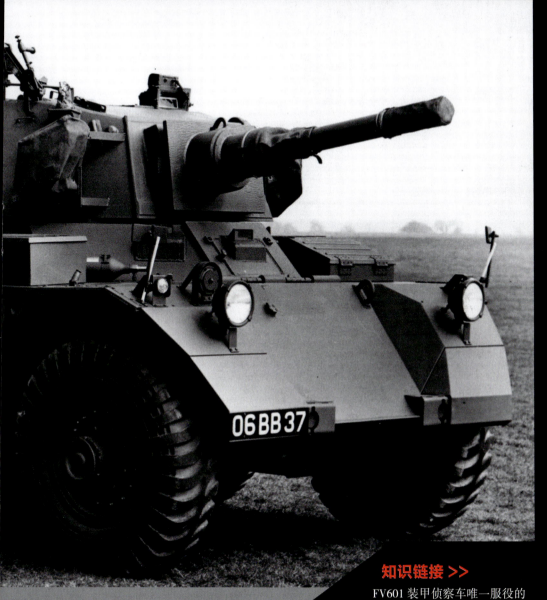

FV601 装甲侦察车唯一服役的变型车是为德国边防警察研制的代号为 FV601（D）的装甲车。该车未安装并列机枪，而安装德国的烟幕弹发射器和驾驶灯。20 世纪 60 年代初，德国将 97 辆 FV601（D）装甲车转交给苏丹使用。英国航空航天动力集团在 FV601 装甲侦察车的炮塔两侧装备了“斯维费尔”反坦克导弹，但未服役。

▲ 展示中的 FV601 装甲侦察车

FV432装甲人员运输车（英国）

简要介绍

FV432是英国GKN－桑基公司于20世纪50年代末参照美国M113车开始设计研制的装甲人员运输车，它于1964年开始装备英国部队；到1971年，英国共生产3000辆。之后，FV432逐渐被“武士”机械化战车取代，但仍有部分作为特殊用途车型在一段时间内继续使用，如迫击炮车、救护车。

研制历程

在20世纪50年代之前，英国就研发出了FV420系列装甲车。到了1958年，为满足英国陆军替换英军的FV603轮式装甲车的需求，GKN－桑基公司开始在FV420的基础上研发新一代FV432系列车型，最主要的是装甲人员运输车。

1961年，该公司完成了首辆样车的研制工作；之后通过测试和技术运用，1963年完成第一批生产车型。FV432车的变型车有：81毫米自行迫击炮装甲车、炮兵指挥车、救护车、修理抢救车、反坦克车、布雷车、FV436雷达车、FV434维修保养车等。

基本参数	
车长	5.3米
车宽	2.8米
车高	2.3米
战斗全重	15.28吨
最大速度	52千米/小时
最大行程	480千米

作战性能

FV432的车体和美制M113完全一样，是箱体结构。同M113的区别是驾驶员位于车前右侧，发动机在驾驶员左侧，炮长在其后；履带上部有托带轮；载员舱后置，上部有四片式圆形舱盖，两部分向左开启，两部分向右开；车体材料采用了防弹钢板等。车体侧面竖直，发动机排气口在车左侧，三防装置突出于车体右侧。

▲ FV432 装甲人员运输车

知识链接 >>

FV432 变型车之一的反坦克车装有“米兰”反坦克导弹。这种导弹是法德研制的第二代轻型反坦克导弹，1963 年研制，1974 年装备部队。该导弹采用目视瞄准、红外半自动跟踪、导线传输指令制导方式，弹径 116 毫米，弹重 6.7 千克，射程 2000 米，垂直破钢甲 690 毫米。1983 年后，“米兰”反坦克导弹采用串联战斗部，以对付复合装甲和反应装甲。

FV101 装甲侦察车（英国）

简要介绍

FV101 装甲侦察车是英国阿尔维斯公司于 20 世纪 60 年代开始为英国陆军研制的一款新型履带式装甲车。该车在 1982 年的马岛战役中表现出良好性能，许多国家纷纷订购该车族装甲车并进行改装。由于战场的情况千变万化，英国后来根据该型车衍生出了“打击者”反坦克导弹发射车、“蝎”式反坦克导弹发射车和“斯巴达人”装甲人员运输车等 17 种不同的车型。

研制历程

20 世纪 60 年代，英国陆军计划以新型装甲车来替换 FV601 装甲侦察车。于是阿尔维斯公司开始研制新型的装甲侦察车，首批样车于 1969 年完成，官方名为 FV101 装甲侦察车。

1972 年，首批 FV101 装甲侦察车生产车型出厂。到 2004 年为止，阿尔维斯公司共计为英国和其他国家生产 3500 多辆该型车。

基本参数	
车长	4.79米
车宽	2.24米
车高	2.1米
战斗全重	8.07吨
最大速度	80.5千米 / 小时
最大行程	644千米

作战性能

FV101 装甲侦察车拥有 1 门 76 毫米口径火炮，主炮左侧有 1 挺 7.62 毫米并列机枪，炮塔两侧各有 1 个电控、4 管烟幕弹发射器，拥有十足的自卫能力，可以在恶劣的战场环境中获得更多的侦察情报。该车安装有先进的无线电设备，车后部有三防装置，包括三防探测器、车辆导航仪和空调设备，在无任何装备的情况下可涉水深达 1.2 米。

知识链接 >>

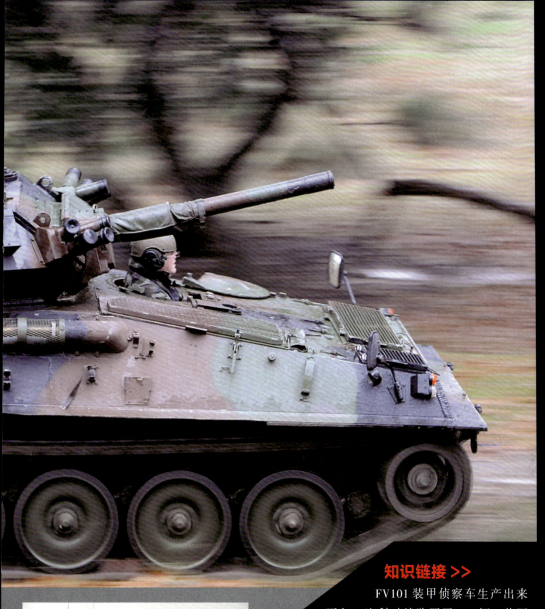

FV101 装甲侦察车生产出来不久，比利时就购买了 701 辆，英国更是全面列装，当时英国陆军每一个坦克团都装备有 8 辆 FV101 装甲侦察车。

▲ FV101 装甲侦察车

“狐”式轻型装甲车（英国）

简要介绍

“狐”式轻型装甲车是20世纪60年代英国的战车发展研究院研发的一型轮式战斗侦察车，与FV101装甲车构成当时英军侦察车两种类型的代表。该车虽并未投入使用，但却衍生出了“军刀”侦察车和FV432系列装甲车。

研制历程

1965年，英国当时的战车发展研究院在开发FV101装甲侦察车的同时，开始研制一种轮式装甲侦察车。次年与戴姆勒公司签订了生产15辆样车的合同。

1967年11月，第一辆样车完成，同时开始投入试验；1969年4月，完成最后一辆样车；1969年10月，英国战车发展研究院第一次公布研制成功了“狐”式侦察车；1970年，英国陆军同意接受新型战车；1972年，由利兹皇家兵工厂生产；1973年3月，完成第一辆生产型车；1986年，利兹皇家军工厂被维克斯防务系统公司接管，后来“狐”式生产线被关闭。

基本参数	
车长	4.17米
车宽	2.13米
车高	2.2米
战斗全重	6.12吨
最大速度	104千米/小时
最大行程	434千米

作战性能

“狐”式轻型装甲车的炮塔位于车体中央，主要武器为30毫米炮，可发射多种炮弹，可单发也可6发连射，空弹壳自动弹出车外。主炮左侧有1挺7.62毫米并列机枪。炮塔前部两侧各有4个烟幕弹发射器。所有武器均由电动控制，主炮和并列机枪可手动超越控制。主炮右侧安装SPAVL2A1被动式夜视仪，有2种倍率和视野，分别用于瞄准和监视，2种倍率不会相与干涉。

知识链接 >>

“狐”式轻型装甲车的原型车虽然没有实战的使用记录，但以它为基础，衍生出了“军刀”侦察车、“大切刀”侦察车、装备25毫米链炮的“狐”式侦察车、“狐”式“米兰”导弹发射车，以及“狐”式国内安全车等性能优越的各种装甲车辆。

▲ “狐”式轻型装甲车

SHORLAND

“肖兰德”系列装甲车（英国）

简要介绍

“肖兰德” 系列装甲车是英国肖特兄弟公司于 20 世纪 70 年代早期开始研发的轮式装甲车辆。1973 年完成 SB301 型样车，后又相继推出了 SB401 型、S55 型，目前已经形成了“肖兰德”车一大系列。另外，还有一个重要系列是“肖兰德”巡逻车，该车至今已发展了 MK1、MK2、MK3、MK4、MK5 五个型号，可广泛用于内部保安和边境巡逻。

研制历程

20 世纪 70 年代初，英国肖特兄弟公司开始投资研制“肖兰德”（4×4）运输车。1973 年完成样车，1974 年完成第一辆生产型车，定名 SB301 型，主要用于保障国内安全。

到了 1980 年，该公司又研制 SB401 型，主要改进项目为加强装甲，增大汽油机功率。之后又研制出 S51 型装甲巡逻车、S52 型改进型运输车、S53 型防空车等。肖特兄弟公司研制出的 S55 型装甲人员运输车，主要改进了螺旋弹簧悬挂，加长了轴距。

基本参数	
车长	4.26米
车宽	1.8米
车高	2.28米
战斗全重	3.6吨
最大速度	120千米 / 小时
最大行程	630千米

作战性能

“肖兰德”系列装甲车采用陆地漫游者车底盘，安装了焊接的装甲车体，能防 7.62 毫米 FN 步枪或在 23 米距离上防 7.62 毫米 GPMG 机枪枪弹。车内采用常规布置，发动机四周都有装甲板防护，并有大容量散热器，可在火热地区行驶。该系列车未装武器，必要时在车顶部安装 2 组 4 具的烟幕弹发射器。任选设备包括大容量燃油箱、泄气保用轮胎、装甲玻璃、扩音系统、加温除雾器、闪光灯、空高装置、榴弹发射器等。

知识链接 >>

烟幕弹由引信、弹壳、发烟剂和炸药管组成。烟幕弹制造烟雾主要靠它的发烟剂，一般都用黄磷、四氯化锡或三氧化硫等物质。当烟幕弹被发射到目标区域，引信引爆炸药管里的炸药，弹壳体炸开，将发烟剂的黄磷抛撒到空气中，黄磷一遇到空气就立刻自行燃烧，不断地生出滚滚的浓烟来。

▲ “肖兰德”装甲车

AT105 装甲人员运输车（英国）

简要介绍

AT105 是英国 GKN 防务公司生产的装甲人员运输车，可作为侦察车、通信指挥车、抢救车、救护车、步兵火力支援车。

研制历程

1974 年，英国 GKN 防务公司开始在早期 AT104 装甲人员运输车的基础上，研发其后继车型。AT104 是作为国内安全车而设计的，相比之下，AT105 的用途更为广泛，可作为侦察车、通信指挥车、抢救车、救护车、步兵火力支援车。

1976 年，第一批 AT105 装甲车的生产车型完成。之后经过几年的测试和改进，英国于 1982 年将该车定名为“萨克松”，正式开始量产。

轮式装甲人员运输车于 1983 年左右开始装备于英国陆军。其原型车为 AT105P，但正式投产后装备部队的，则大多数为有炮塔的 AT105E 装甲人员运输车。1983 年年初，英国国防部订购 47 辆 AT105，1984 年年初完成交货，后来英国国防部又订购 247 辆，本计划作为英国步兵营用车，但作战时却被部署到德国。英国皇家炮兵也订购了 30 辆，英国地方部队需要装备 500 辆该型车。

基本参数	
车长	5.17米
车宽	2.49米
车高	2.86米
战斗全重	11.66吨
最大速度	96千米 / 小时
最大行程	480千米

作战性能

AT105 装甲人员运输车的车体为全钢板焊接结构，能防 7.62 毫米穿甲弹和距车辆 10 米处爆炸的 155 毫米榴弹破片。车体底部制成 V 形，以保持最大限度的防地雷能力。车长指挥塔为四方形，四面都有观察镜，上方有 1 个向前打开的单扇舱盖，必要时可用枢轴安装 1 挺 7.62 毫米机枪。指挥塔焊在一块方形装甲板上，用螺栓固定在车体顶部，这种结构便于拆卸和更换装有其他武器的车顶组合件。

知识链接 >>

英国GKN防务公司成立于1902年，今天它已发展成为世界著名的汽车零部件业生产集团，它包括一系列制造公司和大量的汽车零部件生产厂，生产各种工业部门和国防用产品。1991年，GKN各子公司实现了190亿法郎的总销售额。GKN公司的拳头产品是等速联轴节、传动轴、大型冲压件等。

▲ AT105 装甲人员运输车

“武士”步兵战车（英国）

简要介绍

“武士”步兵战车是英国 GKN 防务公司自 20 世纪 70 年代开始研制的一种履带式机械化装甲车辆。其于 1987 年开始装备英国陆军。

研制历程

1967 年，英军对未来装甲车的要求提出了初步建议；此后 3 年间，英国国防部对此建议进行了可行性研究。1972—1976 年，英国国防部又进行了第一期方案论证，并由其负责选择方案以便根据财政能力制订实施计划。

1977 年至 1978 年，经过择优评比，由 GKN- 防务公司开展第二期方案论证，并确定该公司为主承包商。为便于对比，1978 年该公司对美国的XM2步兵战车进行了试验鉴定。翌年，在继续研究 XM2 的同时，该公司开始了对新型车的全面研制，并称之为 MCV-80。

1984 年，在经过对样车的测试后，英国陆军决定装备该车，首批生产车型于 1986 年完成，命名为“武士”步兵战车。

基本参数	
车长	6.3米
车宽	3.3米
车高	2.8米
战斗全重	20.56吨
最大速度	75千米 / 小时
最大行程	660千米

作战性能

“武士”步兵战车采用了铝合金装甲、全焊接的车体结构，炮塔为钢装甲焊接结构。主要的装甲部位能够防御 14.5 毫米穿甲弹和 155 毫米榴弹破片的攻击，车底可以抗 9 千克反坦克地雷的攻击。主要武器是 1 门 L21A1 型 30 毫米机炮，最大射程 4000 米，所用的弹种有脱壳穿甲弹、曳光燃烧榴弹、曳光训练弹等，可用来攻击敌方的步兵战车和轻型装甲车辆。

▲ “武士”步兵战车

知识链接 >>

1987 年，“武士”步兵战车陆续装备英国陆军部队。1993 年，科威特订购了 254 辆“沙漠武士”（专为科威特设计的）及其改型车，该车采用美国 25 毫米加农炮炮塔，两侧各安装 1 具“陶”式反坦克导弹发射架。改型车包括指挥车、修理和抢救车，以及高机动牵引车。

STORMER

“风暴”装甲人员运输车（英国）

■ 简要介绍

“风暴”装甲人员运输车是英国军用车辆与工程设计院于20世纪70年代末，在20世纪60年代阿尔维斯公司为英国陆军设计的“蝎”式侦察车基础上研制的装甲人员运输车，1981年定型后开始生产并装备英国陆军，此外主要出口到马来西亚。

■ 研制历程

20世纪70年代，英国军用车辆与工程设计院在阿尔维斯公司“蝎”式侦察车基础上，研制出了新型装甲人员运输车。1980年，阿尔维斯公司获得这种车辆的生产和销售权，又对此进一步开发，将其定名为“风暴”。

1981年，3辆“风暴”样车和1辆“蝎”式90车参加了美国海军陆战队评选轻型装甲车辆的竞争。4辆车历经30000千米试验，虽未被选中，但该公司却获得了进一步改进和发展“风暴”的经验。同年，由于获得了马来西亚的订单，于是开始批量生产“风暴”。

“风暴”装甲车除了运输车外，还衍生出安装81毫米或120毫米自行迫击炮的工程车；还有指挥控制车、电子战车、雷达车、布雷车、救护车、运货车等多种型号。

基本参数	
车长	5.69米
车宽	2.69米
车高	2.27米
战斗全重	12.7吨
最大速度	80千米/小时
最大行程	650千米

■ 作战性能

“风暴”装甲人员运输车采用的是铝合金装甲焊接而成的车体结构，炮塔两侧待发位置各有4枚“星光”地对空导弹。车顶武器站可选装多种武器，包括装备7.62毫米和12.7毫米机枪炮塔，20毫米、25毫米或30毫米加农炮，以及76毫米或90毫米火炮炮塔。还可选装三防与空调装置、射孔和观察镜、驾驶员夜间驾驶仪、自动传动、车长夜间观察设备、火灾报警和抑爆系统、各种通信设备和地面导航系统等。

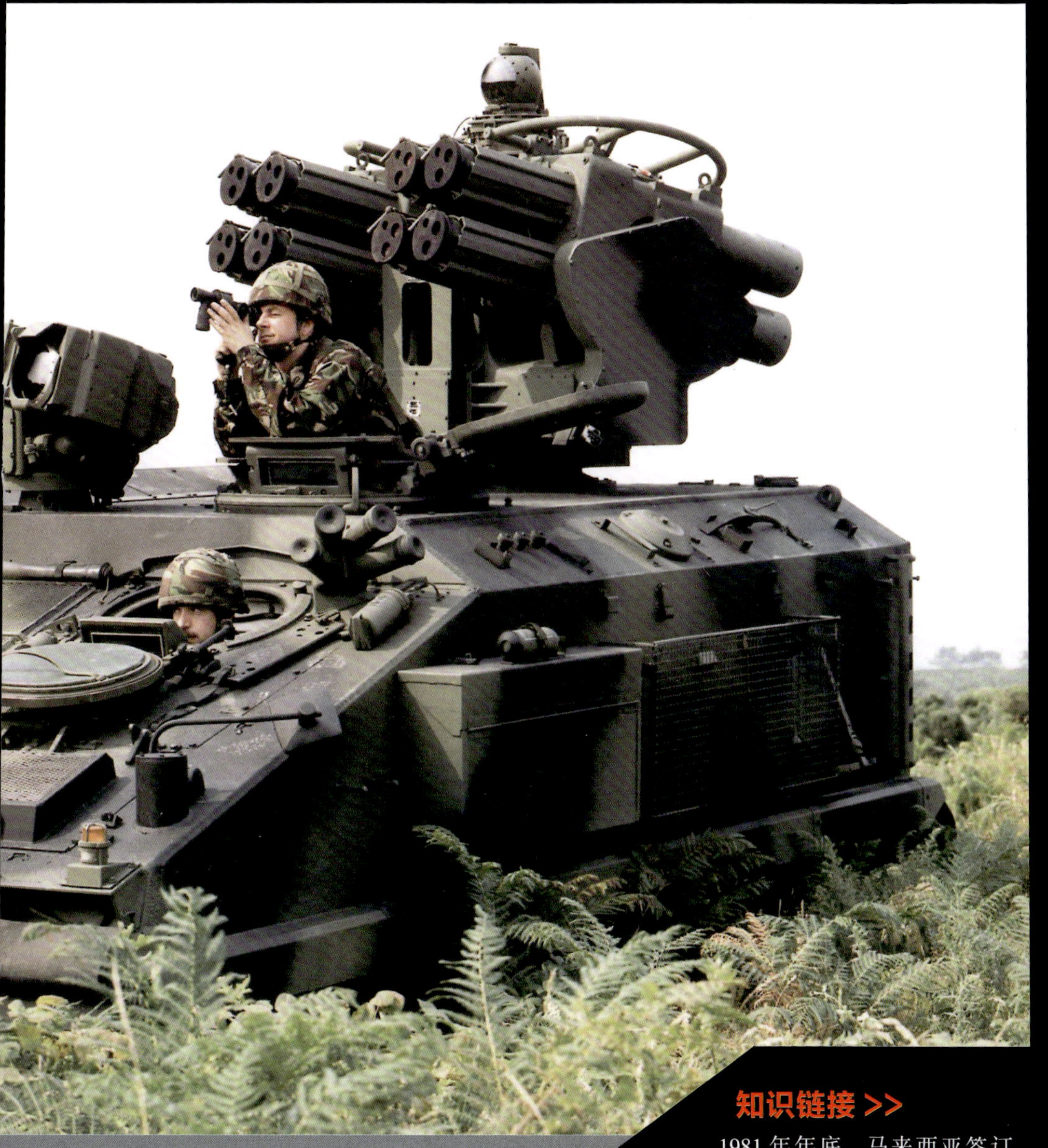

知识链接 >>

1981年年底，马来西亚签订购买25辆“风暴”车和26辆“蝎”式90车的合同，其中“风暴”车中有12辆安装赫利奥公司的FVT900型炮塔（有1门20毫米机炮和1挺7.62毫米机枪），其余安装蒂森·亨舍尔公司的TH-1型炮塔（有双联7.62毫米机枪）。第一批车于1983年交货。

▲ “风暴”装甲人员运输车发射反坦克导弹

“陆地漫游者”装甲巡逻车（英国）

简要介绍

“陆地漫游者”轮式装甲巡逻车是英国格罗弗·韦布有限公司于20世纪80年代研制的一种造型美观的装甲车辆。该车任选设备包括增强的装甲防护、空调装置、射孔附加观察镜、扩音系统、电操纵烟幕弹发射器、报警器、装有GPMG机枪的舱盖、闪光灯、前置绞盘、灭火器和无线电台等。该车用途颇广，可作边界巡逻、机场巡逻、护送任务、反恐怖、反暴乱和内部警卫等多种用途。

研制历程

20世纪80年代，英国格罗弗·韦布有限公司应英国军方的要求，开始研制名为“陆地漫游者”的轮式装甲巡逻车。

1985年，北爱尔兰英军与格罗弗·韦布有限公司签订了100多辆“陆地漫游者”轮式装甲巡逻车的生产合同。1986年，该公司向军队交付了第一批车，从此“陆地漫游者”担负起了多种地形、多个用途的巡逻安防任务。

基本参数	
车长	4.58米
车宽	1.79米
车高	2.05米
战斗全重	9吨
最大速度	120千米/小时
最大行程	480千米

作战性能

“陆地漫游者”轮式装甲巡逻车车体为全焊接钢板结构，能防7.62毫米枪弹和5.56毫米步枪弹。前挡风玻璃和驾驶室门窗都由带聚碳酸酯抗崩碎层的多层防弹玻璃制成，具有类似钢装甲的防护力。车底板由增强玻璃纤维制作，可对付弹丸爆炸和榴弹破片。所有车轮充填钢丝（带），因而具有泄气行驶性能。

知识链接 >>

“陆地漫游者”轮式装甲巡逻车的设计尤其注重人员的防护，比如车前安装清除障碍装置，前灯、散热器和前挡风玻璃均用金属网状格栅保护，不需要时可将它折叠到发动机罩上；车内还备有垂直金属线截断器，用来剪断空中线障碍，以防伤害到露出舱口的乘员。

CRIMESTOPPERS 0800 555111

▲ 依托“陆地漫游者”构筑防御

PANHARD AML

“潘哈德”AML轻型装甲车（法国）

简要介绍

“潘哈德”AML 轻型装甲车是法国潘哈德公司于 20 世纪 50 年代末为法国陆军研制的一个轮式装甲车系列，所有 AML 车都有相似布局，并且均大批量生产。截至 2004 年，该系列车已生产超过 4800 辆，并服役于世界各地（包括桑达克·奥斯特瑞尔公司获授权在南非生产的车辆）。

研制历程

1956 年，法国陆军在北非成功地应用英国“费列特”侦察车后，接着提出要求，即装备火力更强的类似车辆。新型车样车的研制和生产工作由潘哈德公司承担，该公司于 1959 年完成了样车，并取名为“潘哈德”245 型；萨维姆公司和兵器研究与制造局的伊西莱穆利诺制造厂也同时研制了样车。但经试验后法国陆军采用了“潘哈德”245 型，将其命名为 AML。

1961 年，潘哈德公司开始交付法国陆军第一批定货。从此时起，AML 便开始了大批量生产，而且其系列产品也在不断增加，不过仅用于出口。桑达克·奥斯特瑞尔公司获许可证，在南非生产 AML 车辆，将其命名为“大羚羊”。

基本参数	
车长	5.11米
车宽	1.97米
车高	2.07米
战斗全重	5.56吨
最大速度	90千米 / 小时
最大行程	600千米

作战性能

“潘哈德”AML 轻型装甲车的主要武器是 1 门 D921F1 式 90 毫米火炮、1 挺 7.62 毫米并列机枪和 1 挺 7.62 毫米或 12.7 毫米高射机枪。每侧还有 2 具烟幕弹发射器和 2 枚 SS-11 或 ENTAC 反坦克导弹。另外，装备有“山猫”90 炮塔的 AML，其武器系统与原型车一致，但可配备被动夜视设备、激光测距仪和炮塔动力驱动装置。

知识链接 >>

法国人似乎对轮式装甲车情有独钟。单就型号来说，VBR、VCR、VBL、M3、EBR、AML-90、AMX-10RC、ACMAT、VXB-170 等，令人目不暇接，在这方面，世界上少有国家能够超越法国。

▲ “潘哈德”AML 轻型装甲车

AMX-10P 步兵战车（法国）

■ 简要介绍

AMX-10P 步兵战车是法国伊西莱穆利诺制造厂于 1965 年为取代老式的 AMX-VCI 步兵战车而研制的。1972 年，其改由罗昂制造厂生产，1973 年开始在法军服役。AMX-10P 具备完全两栖能力，在水中靠车后两侧的喷水推进器推进，入水前竖起车前防浪板并打开舱底排水泵。车体右侧有三防装置，每侧有 2 具烟幕弹发射器。此外，该车还大量出口沙特阿拉伯、卡塔尔、新加坡等国家。

■ 研制历程

1965 年，法国伊西莱穆利诺制造厂按法国陆军的要求，为取代已经过时的 AMX-VCI 步兵战车，开始研制新型的 AMX-10P 履带式步兵战车。

1968 年，伊西莱穆利诺制造厂完成首辆 AMX-10P 样车；1972 年，改由罗昂制造厂生产；1973 年，首批生产车型出厂；到 1985 年年初，该车及其各种变型车已生产了 1630 辆。

基本参数	
车长	5.79米
车宽	2.78米
车高	2.83米
战斗全重	14.5吨
最大速度	65千米 / 小时
最大行程	500千米

■ 作战性能

AMX-10P 步兵战车采用铝合金焊接的车体结构，发动机前置。“塔坎”Ⅱ双人炮塔在车辆中央偏左，也能够使用“塔坎”Ⅰ单人炮塔和其他类型的炮塔，而且在炮塔外，还能在车顶两侧分别安装 1 个“米兰”反坦克导弹发射架。该车主要武器为 1 门 20 毫米的 M693 机炮，主要辅助武器为 1 挺 7.62 毫米机枪。

▲ AMX-10P 步兵战车

知识链接 >>

AMX-10P 步兵战车的改进型非常多样，包括机械化步兵战车、海军陆战装甲车、火力支援车、装甲侦察车（轮式、履带式）、指挥车、炮兵观察车、炮兵雷达车、弹药补给车、救护车等，形成了一个庞大的系列车族。

VXB-170 装甲人员运输车（法国）

简要介绍

VXB-170 装甲人员运输车是法国贝利埃公司于 20 世纪 60 年代中期研制的，经试验和改进，于 1971 年正式命名。该车于 1973 年投产，法国宪兵队配备后，用于国内治安。1975 年因贝利埃公司被雷诺集团合并，该型车停止了生产。VXB-170 可水陆两用，水上行驶靠轮胎划水。任选设备包括加温器、车前清理障碍的推土铲、红外或被动夜视设备、三防装置、钢绳长度为 60 米的绞盘和防弹轮胎等。

研制历程

20 世纪 60 年代中期，法国贝利埃公司开始自行投资研制一款名为 BL-12 的装甲人员运输车。第一辆样车完成于 1968 年，经过多项改进后，法国军方将其更名为 VXB-170 装甲人员运输车，随后开始投入量产。

1975 年后，贝利埃合并入雷诺集团，该集团也包括萨维姆公司，所以在已有订单完成后，VXB-170 就停产了。VXB-170 装甲人员运输车虽然已经停产，但计划中的改型车种类广泛，已生产一些样车，例如有的车型装备 AML 炮塔、武装 60 毫米迫击炮和 7.62 毫米机枪，只是均尚未投产。

基本参数	
车长	5.99米
车宽	2.5米
车高	2.05米
战斗全重	12.7吨
最大速度	85千米 / 小时
最大行程	750千米

作战性能

VXB-170 装甲人员运输车的车体为全焊接钢板，可以抵抗普通枪弹和小型火炮的攻击，并装有防弹玻璃窗和装甲板防护。驾驶员位置顶部装有 3 个潜望镜，供闭窗驾驶时使用。车长位置有单扇舱盖，有 1 个旋转轴安装的潜望镜供其全周观察。该车的武器为 1 挺机枪，某些车辆装有 BTM103 型炮塔，有 1 挺 7.62 毫米机枪和 40 毫米榴弹发射器。最早车型的车体上开有 7 个射孔，2 个在左侧，4 个在右侧，1 个在后门，步兵可在车内射击。

知识链接 >>

VXB-170 装甲人员运输车为四轮驱动，前后各轮均装有减速器，后轴还装有气动控制的中间差速闭锁装置。悬挂装置为独立式螺旋弹簧和液压减振器，采用液压助力转向，四轮均装有盘式制动器。

▲ VXB-170 装甲人员运输车

AMX-10RC 装甲侦察车（法国）

简要介绍

AMX-10RC 装甲侦察车是法国伊西莱穆利诺制造厂为了满足法国陆军取代“潘哈德”EBR 重型装甲车的要求，于 1970 年 9 月开始设计的新式装甲车。新型车于 20 世纪 70 年代末期开始装备法国、摩洛哥和卡塔尔的军队，主要用于执行侦察和反坦克任务。AMX-10RC 装甲侦察车通过实战和演习，展示出优越的性能。在 AMX-10RC 装甲侦察车的基础上，产生了几款相当不错的变型车，如 AMX-10RAC 装甲侦察车、AMX-10RAA 轮式防空车和 AMX-10RTT 轮式装甲人员运输车等。

研制历程

1970 年 9 月，为满足法国陆军取代“潘哈德”EBR（8×8）重型装甲车的要求，伊西莱穆利诺制造厂开始研制新型的装甲侦察车。1971 年 6 月完成了 3 辆样车，1977 年年末，这 3 辆样车通过了各种环境下的 6 万千米和 3000 小时的试验。1978 年，第一批新型车正式生产完成。

AMX-10RC 装甲侦察车从 1979 年年末开始装备于法国陆军侦察团和步兵师的骑兵团。第一集团军的 3 个军中各有 1 个团装备 36 辆，还有 2 个步兵师各有 1 个团装备 36 辆。

基本参数	
车长	9.15米
车宽	2.95米
车高	2.66米
战斗全重	15.88吨
最大速度	85千米 / 小时
最大行程	1000千米

作战性能

AMX-10RC 装甲侦察车采用全焊接铝制的车体和炮塔结构，可防御轻武器、光辐射和弹片对乘员的伤害。该车武器装备为 105 毫米口径半自动火炮，炮闩为立楔式，炮管带热护套和双室炮口制退器；驻退机在炮的左侧，复进机在右侧，没有火炮稳定器。能够发射破甲弹、榴弹及练习弹。

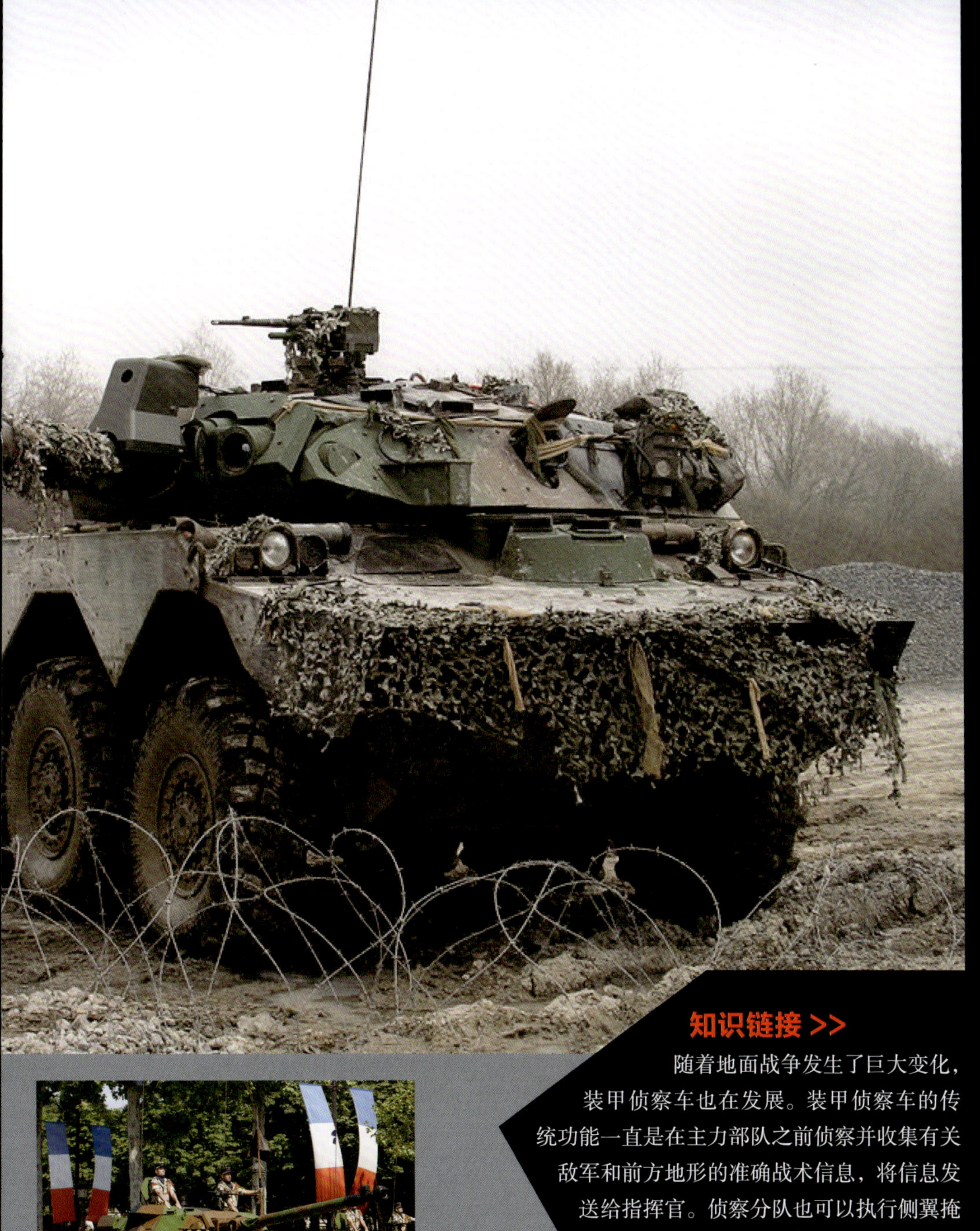

知识链接 >>

随着地面战争发生了巨大变化，装甲侦察车也在发展。装甲侦察车的传统功能一直是在主力部队之前侦察并收集有关敌军和前方地形的准确战术信息，将信息发送给指挥官。侦察分队也可以执行侧翼掩护、路线侦察及护航任务。新一代装甲侦察车，通常配有昼用摄像机、热像仪、人眼安全激光测距机、精确地面导航系统和先进的通信系统。

▲ 阅兵式上的 AMX-10RC 装甲侦察车

“潘哈德”VBL装甲车（法国）

简要介绍

“潘哈德”VBL装甲车是法国潘哈德公司于1978年研制，由克勒索－卢瓦尔工业公司生产的，主要包括侦察车和反坦克车。该车装置有水上推进系统，具有两栖作战能力，在水中用装在车底后部的1个水中推进器推进。该车于1985年开始服役，曾在印度尼西亚、爱尔兰、马来西亚、巴基斯坦、沙特阿拉伯和美国进行表演，出口墨西哥、加蓬等国。

研制历程

1978年，法国陆军要求发展一种重量在3.5吨以下的轻型轮式装甲车，并要求该车有2种基本用途：既能反坦克（发射欧洲导弹公司的“米兰”反坦克导弹）和装机枪，又能执行谍报、侦察任务。

当时，该项目有5家公司投标，在对5家公司的方案论证后，法国陆军分别与潘哈德公司、雷诺公司签订了关于制造3辆样车并于1983年交付其进行试验的合同，车名简称VBL。

潘哈德公司在最终的竞争中一举夺魁。1987年，潘哈德公司开始为法军生产VBL。最后，生产出反坦克导弹车和侦察车。

基本参数	
车长	3.87米
车宽	2.02米
车高	1.7米
战斗全重	2.89吨
最大速度	95千米／小时
最大行程	800千米

作战性能

“潘哈德”VBL装甲车采用4×4轮式车辆底盘，THD钢装甲全焊接的车体结构。反坦克导弹发射车的主要武器是“米兰”反坦克导弹，其他武器包括1挺7.62毫米机枪、3支FAMAS型5.56毫米步枪和9枚手榴弹；侦察车的武器为1挺7.62毫米或12.7毫米机枪，其他武器包括2支FAMAS型5.56毫米步枪和6枚手榴弹，并可携带1具LRAC型反坦克火箭筒和12枚火箭弹。

▲ 阅兵式上的“潘哈德”VBL 装甲车

知识链接 >>

1985 年，法国陆军原本决定购置 1000 辆“潘哈德”VBL 反坦克车、2000 辆谍报 / 侦察车，但由于裁军，结果当年仅购买了 3 辆 VBL。墨西哥订购的 40 辆“潘哈德”VBL 装甲车的第一批于 1985 年年初交货，其中 8 辆为反坦克车。加蓬订购了少量出口型“潘哈德”VBL。

ERC 90 F4 装甲车（法国）

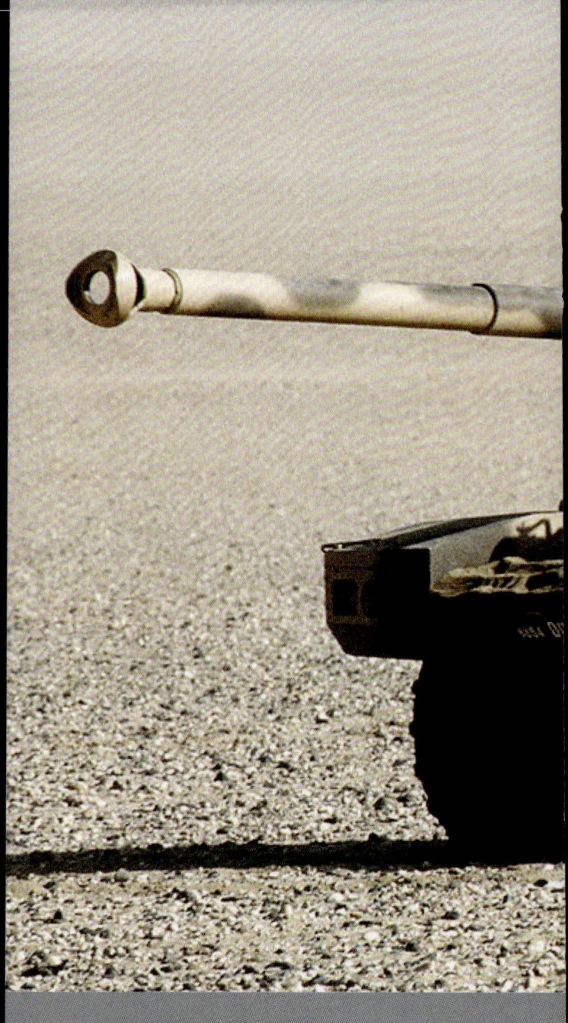

简要介绍

ERC 90 F4 装甲车是法国潘哈德和勒瓦索尔机械制造公司于 20 世纪 80 年代专门为出口研制的重量超轻、火力超强的轮式装甲车。其重要型号 1190 毫米炮火力支援车主要装备于法国陆军、加蓬陆军和象牙海岸陆军。ERC 90 F4 装甲车于 1981 年开始装备于法国陆军，并且先后被出口到 30 多个国家。

研制历程

1975 年，法国潘哈德公司研制的新型车在和法军 AMX-10RC 装甲侦察车的竞标中失败。不过，随着法军在非洲的行动逐渐增多，AMX-10RC 装甲侦察车暴露出许多不足之处，于是该公司开始独自投资研制 ERC 6×6 装甲车。

1979 年，该公司在其新建的莫鲁尔工厂完成第一批车的生产。新型车与同时研制的“潘哈德”VCR 6×6 装甲人员运输车共用许多相同部件。1980 年，该车被定型为 ERC 90（“90 毫米火炮侦察车”的法语缩写）F4 装甲车，或称轮式突击炮。

基本参数	
车长	7.69米
车宽	2.5米
车高	2.25米
战斗全重	8.3吨
最大速度	95千米/小时
最大行程	700千米

作战性能

ERC 90 F4 装甲车的最大优点在于其重量超轻、火力超强。该车在 6×6 轮式底盘上安装了 1 座 GIAT 公司生产的双人炮塔，主炮为 F4 型“超级 90”90 毫米口径滑膛炮。这门炮重量只有 600 千克，却是一门实实在在的坦克炮。发射尾翼稳定脱壳穿甲弹时，可在 2000 米外击穿 120 毫米的轧制装甲。

知识链接 >>

ERC 90 F4 装甲车的中间一组车轮能够上下升降，使该车能在 6 轮驱动和 4 轮驱动间切换。在城区和公路行驶时，中间 2 个车轮升起，车辆变为 4 轮驱动以减小阻力，转向也更灵活；在松软路面和越野越障时，中间 2 个车轮降下，具备更好的通过性。

▲ 阅兵式上的 ERC 90 F4 装甲车

VBCI 步兵战车（法国）

简要介绍

VBCI 步兵战车是法国地面武器工业集团和雷诺公司于 21 世纪初研制的具备高科技性能的中、重型轮式装甲车。它于 2008 年开始服役，逐渐替代 AMX-10P。VBCI 步兵战车采用 8×8 高机动性轮式底盘，机动性好，战场可部署能力强；整车的净重不超过 28 吨，可以空运、海运、铁路运输和用公路平板车运输。其炮塔为久负盛名的“龙”式单人炮塔。炮长坐在特制的战斗室内，观看着各种彩色显示屏和仪表板，适时地操纵机炮射击。

研制历程

20 世纪 90 年代初期，法国军方提出建造一种中、重型战车的需求：利用轮型坦克取代履带运兵车，称为 VBM 计划（模组化战斗载具）。当时，英国和德国也加入了 VBM 研发计划，然而 1999 年后只剩法国单独研发。

2000 年后，地面武器工业集团和雷诺公司与法国军方签订购买 700 辆以上，并于 2004 年后以新型车装备法国陆军的合同。在 2004 年，终于生产出 5 辆原型车，被定名为 VBCI（法语“步兵战车”之意）。该型车于 2006 年正式量产。

基本参数	
车长	7.8米
车宽	2.98米
车高	2.26米
战斗全重	28吨
最大速度	100千米 / 小时
最大行程	750千米

作战性能

VBCI 步兵战车的主要武器为 1 门 M811 型 25 毫米机炮，双向供弹，可以单发、3 连发和 10 连发；发射的弹种有：曳光尾翼稳定脱壳穿甲弹、曳光脱壳穿甲弹和碎甲弹等。在 1000 米射击距离上，曳光尾翼稳定脱壳穿甲弹可击穿 85 毫米厚的均质钢装甲。该车采取了多项综合防护措施，装甲密度值达到 0.55 吨 / 立方米，这一数值是相当高的。

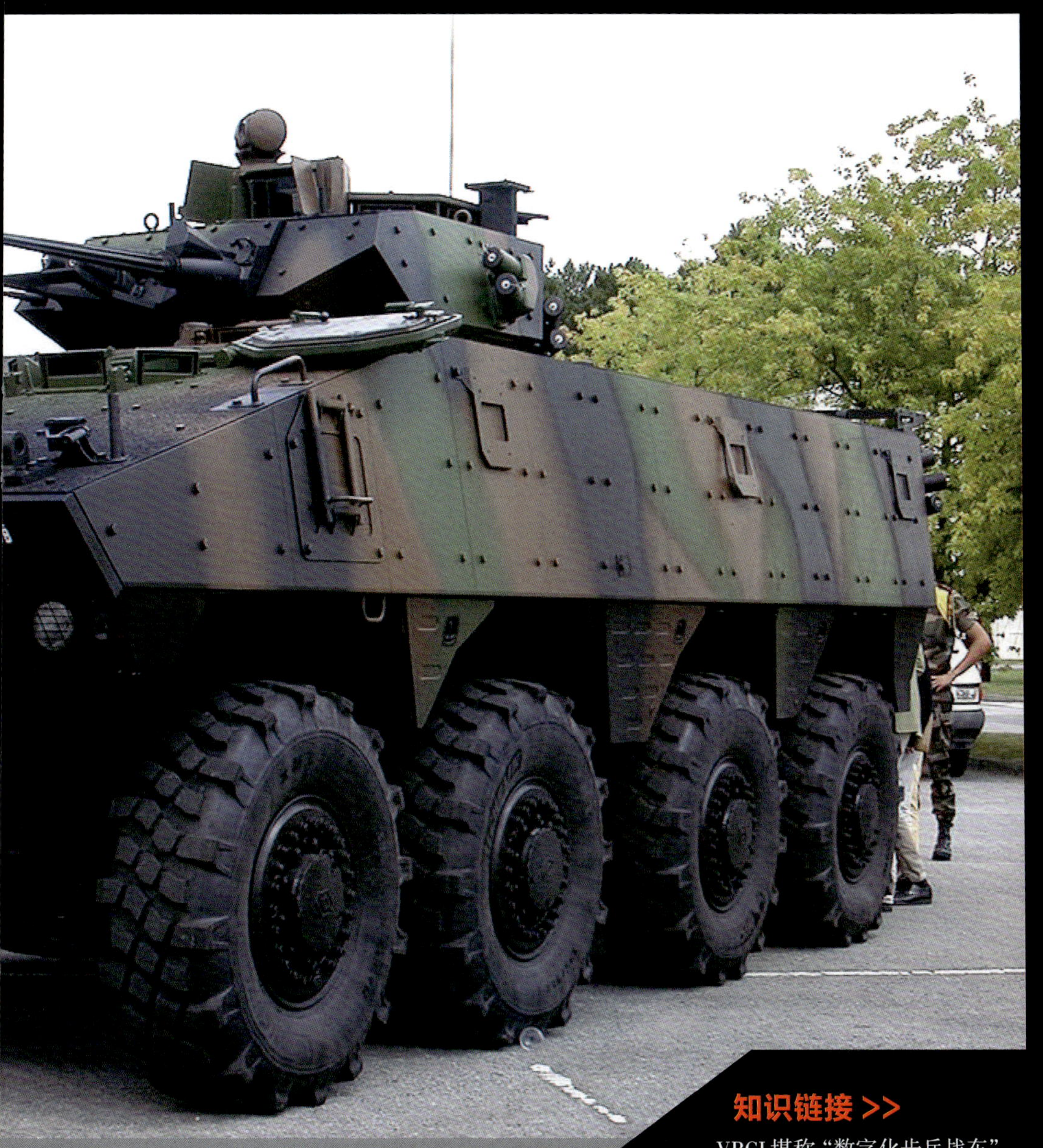

VBCI 步兵战车

知识链接 >>

VBCI 堪称“数字化步兵战车”，其数字化战场管理系统是“勒克莱尔”坦克上的成熟技术，系统中包括：SRR 信息显示终端、IFF 敌我识别系统、数字化战场地图和 PR4G 甚高频战术电台等。该系统可以迅速、准确、清晰地回答“我在哪里”“友军在哪里”“敌人在哪里”“我的任务是什么” “车上还有多少燃料和弹药”等问题。

EBRC 装甲侦察车（法国）

简要介绍

2018 年 5 月 16 日，法国奈克斯特系统公司正式展出了第一辆 EBRC 轮式（6×6）装甲侦察车的原型车。法国陆军计划用 300 辆 EBRC 来替换现役的 AMX-10RC 轮式突击炮、ERC 90 装甲侦察车和 VAB-HOT 反坦克导弹发射车。

研制历程

法国陆军制订“蝎子”计划，旨在大幅度提升其信息化作战能力，要求全面更新或改进法国陆军的所有前线战斗车辆，并利用新型、统一的战场管理系统和通信系统将它们链接起来。按照“蝎子”计划的第一步，首辆生产型 EBRC 装甲侦察车于 2020 年交付（在 2025 年前总共交付 110 辆）；从 2023 年开始“蝎子”计划的第二步，交付合同数量增至 300 辆。所有车型将在 2032 年前交付完毕。EBRC 装甲侦察车的战斗全重达 25 吨，乘员 3 人。车体和炮塔采用铝装甲焊接结构。

作战性能

作为新一代侦察车，EBRC 配有先进的侦察系统，包括昼用摄像机、热像仪、人眼安全激光测距机、精确地面导航系统和先进的通信系统。通过这些设备可以把数据实时传递到下一指挥链或高一级指挥层。EBRC 装甲侦察车还是与指挥、控制、通信和计算机 (C4) 网络连接在一起的整个侦察、监视和目标捕获 (RSTA) 组件的一个组成部分，随着“蝎子”计划的推进，未来法国陆军的作战能力将得到极大的提高。

▲ EBRC 装甲侦察车发射导弹

知识链接 >>

EBRC 装甲侦察车的火控系统实现了计算机化，即使在行进中，也有很高的命中率。其装备的 MMP 反坦克导弹（弹长 1.3 米，弹重 11 千克）还使车辆具备在密闭空间中发射和攻击较远距离目标的能力。导弹配备非制冷热成像和昼用电视摄像机，以及惯性制导装置的双模自动导引头和 140 毫米直径的串联战斗部。双向数据链的配备，使其具有“发射后不用管”的能力。

▲ EBRC 装甲侦察车

6616 装甲车（意大利）

简要介绍

6616装甲车是意大利依维柯·菲亚特公司和奥托·梅莱拉公司于20世纪70年代初联合研制的轮式装甲车辆，1972年定型生产，装备于意大利宪兵队，并出口秘鲁、索马里和其他国家。

研制历程

20世纪70年代初，依维柯·菲亚特公司与奥托·梅莱拉公司开始共同研制6616(4×4)轮式装甲车，该车采用多种与6614(4×4)装甲人员运输车相同的配件。当时菲亚特负责车体、机动部件，旗下伯尔扎努工厂进行总装和试验；奥托·梅莱拉负责完整的双人炮塔。

1972年，第一辆样车的研制工作完成。随后接到意大利宪兵队的第一批订单，开始量产，在为其国内和国际市场制造300辆之后停产。

基本参数	
车长	5.37米
车宽	2.5米
车高	2.04米
战斗全重	8吨
最大速度	100千米/小时
最大行程	700千米

作战性能

6616装甲车前下端向后倾斜，车体前上装甲倾斜明显，右侧有驾驶员的半圆形座位，炮塔在中央；方形炮塔的侧面稍稍内倾，车长炮塔在左侧，略微伸出，炮塔前部和侧面为斜面；车身每侧各有两个大负重轮，后轮上方有横散热窗，车尾通常有备用轮胎，车体侧面两轮之间下方有较小的舱门。

知识链接 >>

到了 1984 年年初，意大利菲亚特公司又开始投资研制一系列新型轮式装甲车，从而形成一个大车族。该车族由 AVL6634（4×4）轻型装甲车、AVM6633（4×4）中型装甲车和 AVH6636（6×6）重型装甲车 3 个基型车组成。AVM6633 装甲车逐步代替 6614 / 6616 装甲车；AVH6636 型加长车体变型车（8×8）安装 105 毫米火炮后，可作为反坦克歼击车。

▲ 6616 装甲车

“半人马座”坦克歼击车（意大利）

简要介绍

“半人马座”坦克歼击车是意大利依维柯·菲亚特公司和奥托·梅莱拉公司在20世纪80年代研制的轮式装甲车。1991年，第一批量产型“半人马座”车完成，随即入装意大利陆军服役，用以替换意大利陆军的M47中型坦克。“半人马座”坦克歼击车结合了轮式车辆的机动性和高速反坦克炮强大的火力性能，通过改进适时应对不断变化的威胁，从而始终走在同期车辆的前列。

研制历程

20世纪80年代初，意大利开始研制本国全新的装甲车族，奥托·梅莱拉公司负责改进所有车辆的武装；依维柯·菲亚特公司则负责轮式车辆、所有履带式车辆的传动部分。而后者开发出的第一种全新车型便是“半人马座”轮式装甲车中的坦克歼击车（或装甲侦察车）。

在对许多样车进行试验后，意大利陆军订购了该型车。1990年，“半人马座”坦克歼击车开始量产，依维柯公司负责制造“半人马座”的底盘，并集成奥托·梅莱拉公司提供的完整炮塔。

基本参数	
车长	8.56米
车宽	3.05米
车高	2.74米
战斗全重	25吨
最大速度	105千米/小时
最大行程	800千米

作战性能

“半人马座”坦克歼击车的车体较高，前上装甲倾斜明显，车体之下的车体正面倾斜，车顶水平，车尾有向右开的门，车尾内倾。其炮塔朝车辆后部安装，有明显的外部掩体，炮塔侧面略内倾，两侧各有一排4具烟幕弹发射器，105毫米火炮在车前伸出，具备炮口制退器、热护套和清烟器。

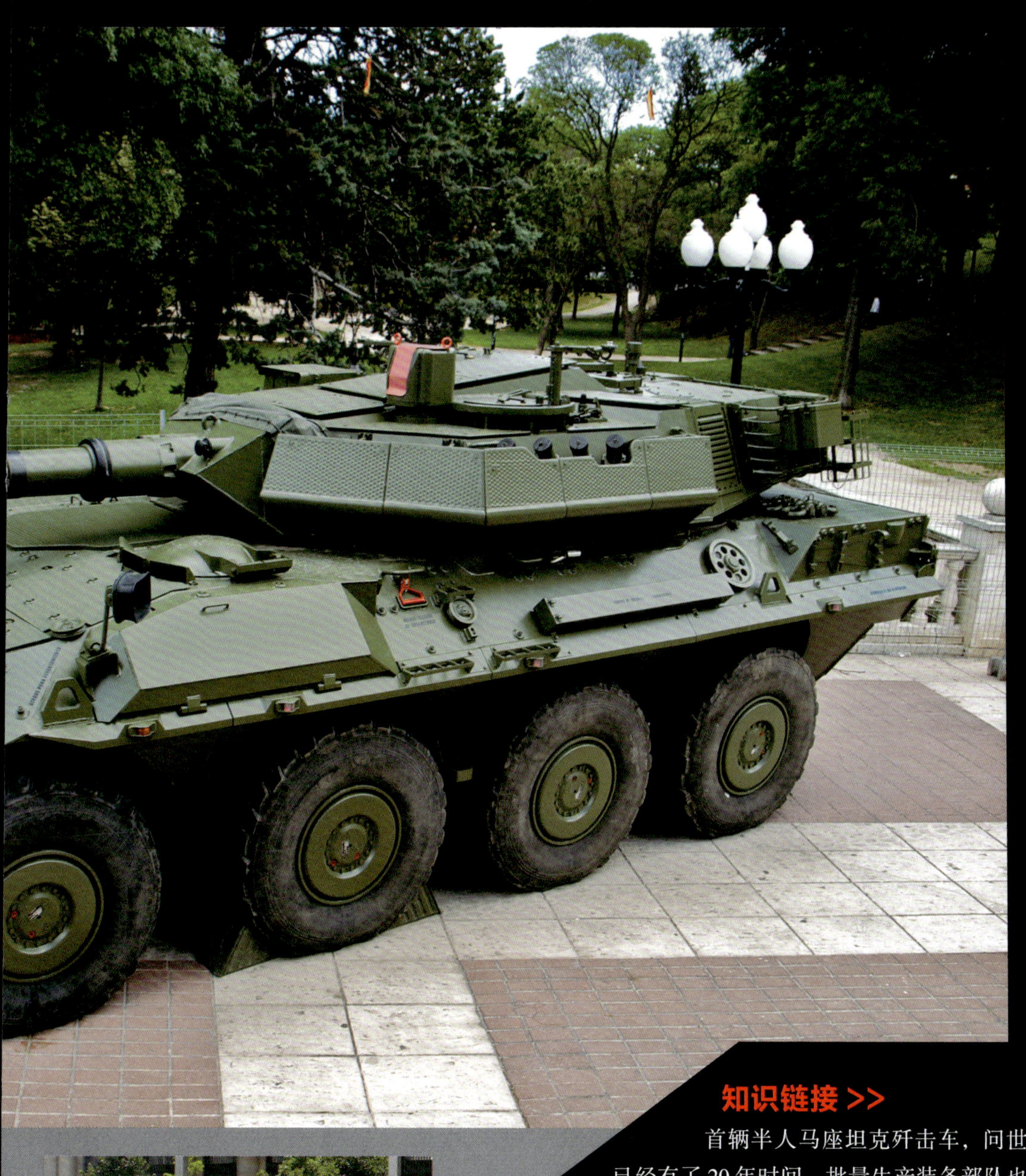

知识链接 >>

首辆半人马座坦克歼击车，问世已经有了20年时间，批量生产装备部队也有10多年时间，虽然防御能力略显不足，但是灵活快速的机动性能和强大的火力，从一定程度上弥补了这一缺陷，使得这种“轮式坦克”的作战效能十分突出。在半人马座之后，很多国家装甲部队都列装了装备有大口径火炮的轮式坦克歼击车。

▲ “半人马座”坦克歼击车

DARDO

“达多”步兵战车（意大利）

简要介绍

“达多”步兵战车是意大利依维柯·菲亚特公司和奥托·梅莱拉公司于20世纪80年代中期为满足意大利陆军需要而研制的履带式步兵战车。但直至2002年，该车才开始服役于意大利陆军，可谓“历经风雨，终见彩虹”。

研制历程

意大利在20世纪80年代初提出了雄心勃勃的陆军主战装备发展计划，宣称要在90年代为其陆军换装世界上最先进的坦克和装甲车辆。这个发展计划中最早提出的是VCC-80步兵战车项目。意大利军方于1982年与奥托·梅莱拉和依维柯·菲亚特两家公司签订了5年的研制合同，1985年制造出了2辆样车。

不过VCC-80计划实施最早，完成却最晚。而且其发展过程由于苏联解体、经费短缺等因素而颇为坎坷，最终于20世纪90年代中期才完成。成品并非原来设计的VCC-80，而是经过修改后的“达多”步兵战车。

基本参数	
车长	6.71米
车宽	3.14米
车高	2.64米
战斗全重	23吨
最大速度	70千米/小时
最大行程	500千米

作战性能

“达多”步兵战车的车体及炮塔由5083型和7020型铝合金装甲板焊接而成，同时在车体前部及两侧采用了高硬度钢装甲板，并用螺栓紧固。此外，复合材料也被大量采用，其能够防御155毫米榴弹破片和100米外的12.7毫米穿甲弹的打击。

知识链接 >>

2002 年，“达多”步兵战车开始服役于意大利陆军。该车性能优良，其与之前服役的 C1 坦克和 B1 坦克歼击车，使意大利陆军一跃成为拥有世界一流装甲车辆的陆军。

▲ “达多”步兵战车

BV206S 装甲人员运输车（瑞典）

简要介绍

BV206S 装甲人员运输车是瑞典阿尔维斯·赫格隆公司于 1974 年生产的履带式装甲全地形车辆。主要用于运输作战人员和物资，采用双车厢铰接结构。BV206 系列车辆已经生产约 11000 辆，在全世界超过 40 个国家中被操作使用，可见性能极佳。BV206S 装甲人员运输车之后经过发展，形成了一个车族，其他类型还包括 PVBV206 2A 反坦克炮车、PABV2061 AMT 指挥通信车、反坦克导弹发射车、雷达车等。

研制历程

20 世纪 70 年代前，瑞典沃尔沃公司便研制出了 BV202 履带式雪地车，也称全地形军用运输车。1973 年，瑞典陆军开始探索 BV202 的后继车，要求新车在服役 15 年后退役。1974 年，瑞典陆军选择阿尔维斯·赫格隆和桑纳公司来完成必要的研究和发展工作，以便设计一种载重 2 吨物资或 17 名全副武装士兵的车辆，要求越野机动性不低于 BV202，保养费用低且培训乘员难度小。

由于前期基础良好，赫格隆和桑纳公司很快便完成了样车研制工作。1976—1981 年，瑞典陆军先后试验和鉴定了 52 辆不同的样车，随后将新型车定型为“赫格隆”BV206 全地形装甲车，首先生产了 BV206S 装甲人员运输车。

基本参数	
车长	6.92米
车宽	2米
车高	2.1米
战斗全重	7吨
最大速度	52千米 / 小时
最大行程	300千米

作战性能

BV206 履带式装甲全地形车的车体较独特，由两个全履带式车厢组成。而主要生产型 BV206S 则是在 BV206 全地形车上安装 2 个新型全焊接钢制车身发展而来的，能抵御轻武器和炮弹碎片的攻击。该车具备完全两栖能力，在水中由履带推进。该车入水前需竖起防浪板。BV206S 可加装多种设备，包括三防系统、绞盘和夜视辅助设备。

▲ BV206S 装甲人员运输车

知识链接 >>

1981 年 4 月，首批 BV206S 正式交付瑞典陆军，之后赫格隆和桑纳公司生产了 5000 多辆 BV206 系列车销售给芬兰、德国（1985 年交付 12 辆）、挪威（200 辆）、美国（1983—1984 年交付 318 辆）、英国、意大利、西班牙、加拿大等 13 个国家。其中，BV206S 履带式全地形装甲人员运输车除作装甲人员运输车外，还可作为救护车、指挥车或武器承载车使用。

CV90 步兵战车（瑞典）

简要介绍

CV90 步兵战车是瑞典 HB 乌特维克林公司于 20 世纪 80 年代开始研制的一型履带式装甲车，研究人员在此基础上发展自行高炮车、装甲人员运输车、装甲指挥车、装甲观察指挥车、自行迫击炮和装甲抢救车 6 种变型车，形成 CV90 履带式装甲战车族。

研制历程

1978 年，瑞典决定研制 CV90 装备战车，要求战斗全重不超过 20 吨，具有良好的战术机动性，适合在瑞典北部严寒、深雪、薄冰和沼泽地带作战；能较好地对付装甲目标；具有防空能力、增强防护力，并且能用铁路和民用平板卡车甚至空运，易于保养维修和具有发展潜力等。

全部研制工作由 HB 乌特维克林公司进行。该公司选定底盘和机动部件由赫格隆与索纳公司承包，炮塔和武器系统由博福斯公司承包。1985 年，瑞典军方与 HB 乌特维克林公司正式签订了设计、研制合同。1986 年夏开始研制 5 辆样车，分别为步兵战车、自行高炮、装甲人员运输车、自行迫击炮和装甲抢救车。1988 年第一辆样车按计划完成；1990 年开始正式生产。

基本参数	
车长	6.47米
车宽	3米
车高	2.5米
战斗全重	22.8吨
最大速度	70千米 / 小时
最大行程	600千米

作战性能

CV90 步兵战车装有 1 门 40 毫米机炮，这在现役步兵战车中算是少见的大口径火炮，它可以使用多种炮弹来对付不同的敌方目标。当遭遇敌方主战坦克时，CV90 的这门 40 毫米火炮可以发射穿甲弹来攻击坦克较为薄弱的侧面装甲；在遭遇敌方的普通装甲车辆或步兵时，可以发射高爆弹来杀伤敌人。

知识链接 >>

1993 年，首批 CV90 步兵战车入役瑞典陆军。此外，荷兰、希腊、挪威等许多欧洲国家都采购了 CV90 来装备本国陆军。就连美国负责生产“布雷德利”步兵战车的联合防务公司也承认“布雷德利”战车在欧洲的销售受到了 CV90 的严重影响。

▲ 高速机动中的 CV90 步兵战车

“锯脂鲤”装甲人员运输车（瑞士）

简要介绍

“锯脂鲤”装甲人员运输车是瑞士莫瓦格公司于20世纪70年代开始研制的世界上最早的8×8型轮式装甲运输车。该车问世后，世界各国竞相仿效，自此“锯脂鲤”装甲车成为世界上装备数量最多、用途最广的系列轮式装甲车。

研制历程

瑞士自20世纪50年代以来，始终活跃在轮式装甲车的生产领域，各种车型层出不穷。在20世纪60年代，其典型车型为莫瓦格公司研制的著名的“潘哈德”系列多用途轮式装甲车。

到了20世纪70年代，莫瓦格公司继续在轮式装甲车的道路上前进，开始研制的世界上最早的8×8型轮式装甲运输车，1972年定型为“锯脂鲤”装甲人员运输车。此后，成为一个系列的“锯脂鲤”4×4型、6×6型和8×8型等各种车型共生产了3850辆，依照战斗全重不同分为Ⅰ型、Ⅱ型。

基本参数	
车长	6.25米
车宽	2.66米
车高	1.99米
战斗全重	10.5吨~18.5吨
最大速度	100千米/小时
最大行程	600千米

作战性能

所有型号的“锯脂鲤”装甲车的车体均采用全焊接高硬度钢装甲结构，其基本车型“锯脂鲤”Ⅰ型（6×6）车体所采用的薄钢板不具备有效的防护能力，仅能抵御北约标准7.62毫米弹药的攻击，但这足以满足其国内治安和警察部队的需要。该车问世后大量出口世界各国，其防护能力能够根据用户的要求，通过挂装不同类型的附加装甲加以完善。

知识链接 >>

20 世纪 70 年代以来，“锯脂鲤”系列轮式装甲车开始装备瑞士本国军队，而且随着车型改进，逐渐被科威特、沙特、阿曼等国家采用。截至 1999 年，“锯脂鲤”系列的 4×4 型、6×6 型和 8×8 型车在瑞士国内共生产了 3850 辆。除加拿大外，获特许生产 8×8 车型的国家还有英国、智利等，总产量达到 6500 辆。

▲ “锯脂鲤”装甲人员运输车

EAGLE

“鹰”式装甲侦察车（瑞士）

简要介绍

“鹰”式装甲侦察车是瑞士莫瓦格公司应瑞士陆军的要求，于20世纪90年代研制的产品。这种侦察车充分诠释了多用途设计理念，实用性非常强，适于在战斗部队及维和部队中使用，可执行侦察、监视、联络、边境巡逻及警备等多种任务。

研制历程

美国通用动力公司研制的“高性能多用途轮式突击车辆”（HMMWV，即“悍马”）战车自20世纪80年代初诞生以来，由于性能非常出色，已生产超过14万辆，除美军装备外，已出口到30多个国家和地区。20世纪80年代末，瑞士莫瓦格公司针对瑞士陆军的要求，提出了一种基于“悍马”的侦察车设计方案。

1991年，莫瓦格公司研制的首台样车参加了瑞士陆军的竞争评估试验，同时参与竞争的还有法国的VBL装甲车及美国M1025装甲型“悍马”车。瑞士陆军经过全面权衡之后，认为后二者无法满足其技术要求，且车内空间过于狭小，因此于1992年最终选择了莫瓦格公司的产品，定名为“鹰”式装甲侦察车。

1992年，该型车开始投入生产，先后推出了“鹰”Ⅰ至“鹰”Ⅳ，4种车型。

基本参数	
车长	5.37米
车宽	2.28米
车高	1.75米
战斗全重	7吨
最大速度	125千米/小时
最大行程	450千米

作战性能

“鹰”式装甲侦察车车体采用钢/防弹玻璃结构，上面装有复合装甲面板。车体正面有2个大的防弹挡风玻璃窗；车体侧面各有2个向前打开的车门，每个车门的上部都有1个防弹玻璃窗。车窗外侧带有防眩层，也可选用激光防护层；车窗内侧装有遮光帘，用于在夜间作战时，防止车内光线透出车窗。在战略机动性方面，1架C-130J运输机一次可装运3辆“鹰”式装甲车，1架C-27J战术运输机一次可装运1辆“鹰”式装甲车。

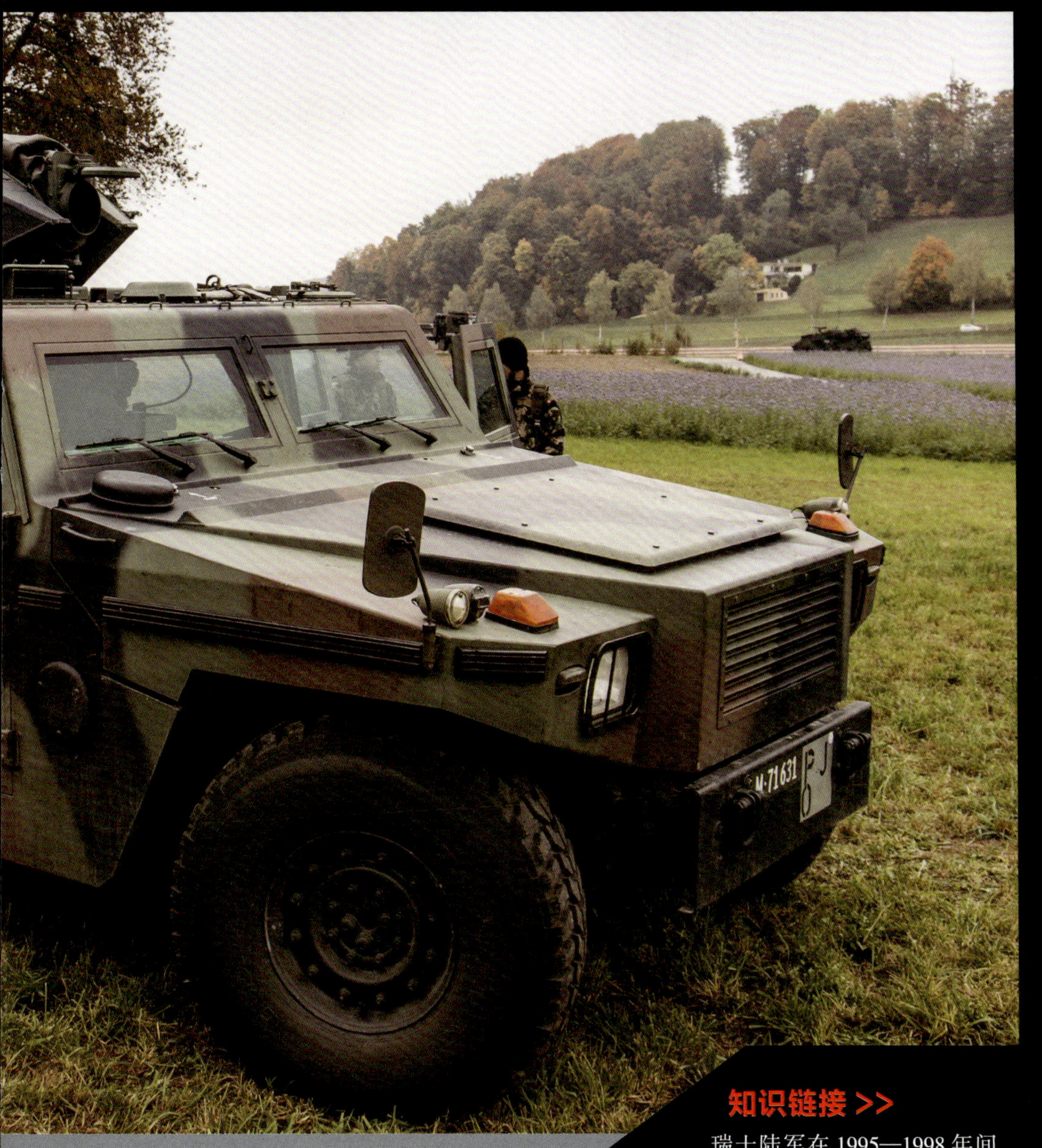

知识链接 >>

瑞士陆军在1995—1998年间陆续接收156辆“鹰”Ⅰ型，在1999—2001年间接收175辆“鹰”Ⅱ型，2002年11月—2003年10月接收120辆“鹰”Ⅲ型，2003年11月开始接收最新研制的“鹰”Ⅳ型。另外，丹麦购买了36辆“鹰”Ⅰ型，被其陆军用于执行联合国维持和平行动。

▲ “鹰”式装甲侦察车

4K 4FA装甲人员运输车（奥地利）

简要介绍

4K 4FA装甲人员运输车是奥地利绍勒尔－威克公司于20世纪50年代中期设计并且制造的一种全履带式装甲人员运输车，是奥地利在二战后提出的第一批装甲车辆发展项目之一。经进一步开发后，该型车被命名为4K 4FA装甲人员运输车，1961年正式投入生产后被用于装备奥地利陆军。4K 4FA最多可以承载10人，可以运输特种小队迂回作战。

研制历程

二战后的20世纪50年代中期，奥地利军方提出发展第一批装甲车辆项目。绍勒尔－威克公司承担了其中之一，即设计并且制造一种全履带式装甲人员运输车。二战的教训使奥地利军方意识到，在一场战役当中，人员的充足和军需物资的充足都是很重要的，但是二者未必能一次性到位，一旦缺少了，就需要及时补充，运输车于是成为该过程中非常重要的军备。

经过几年的研发，样车终于研制成功。经改进，新型车于1961年被定型为4K 4FA装甲人员运输车，并正式投入生产，1961年开始装备于奥地利陆军。到1968年交付最后一批车为止，该型车共计生产450辆。

基本参数	
车长	5.4米
车宽	2.5米
车高	2.1米
战斗全重	15吨
最大速度	65千米/小时
最大行程	370千米

作战性能

4K 4FA装甲人员运输车的车体比较低矮，具有很好的稳定性，以及较好的隐蔽性。该车的前上装甲的倾斜很明显，而且该车的车顶较为水平，能够降低空气阻力的影响；车前两侧有水平散热窗，能够保证车内清凉。该车的炮塔上安装有20毫米的加农炮或是12.7毫米的机枪。这样的装备能够在运输中起到保护自身的作用，而且在投入战争时，能为自己的军队增加一份火力输出。

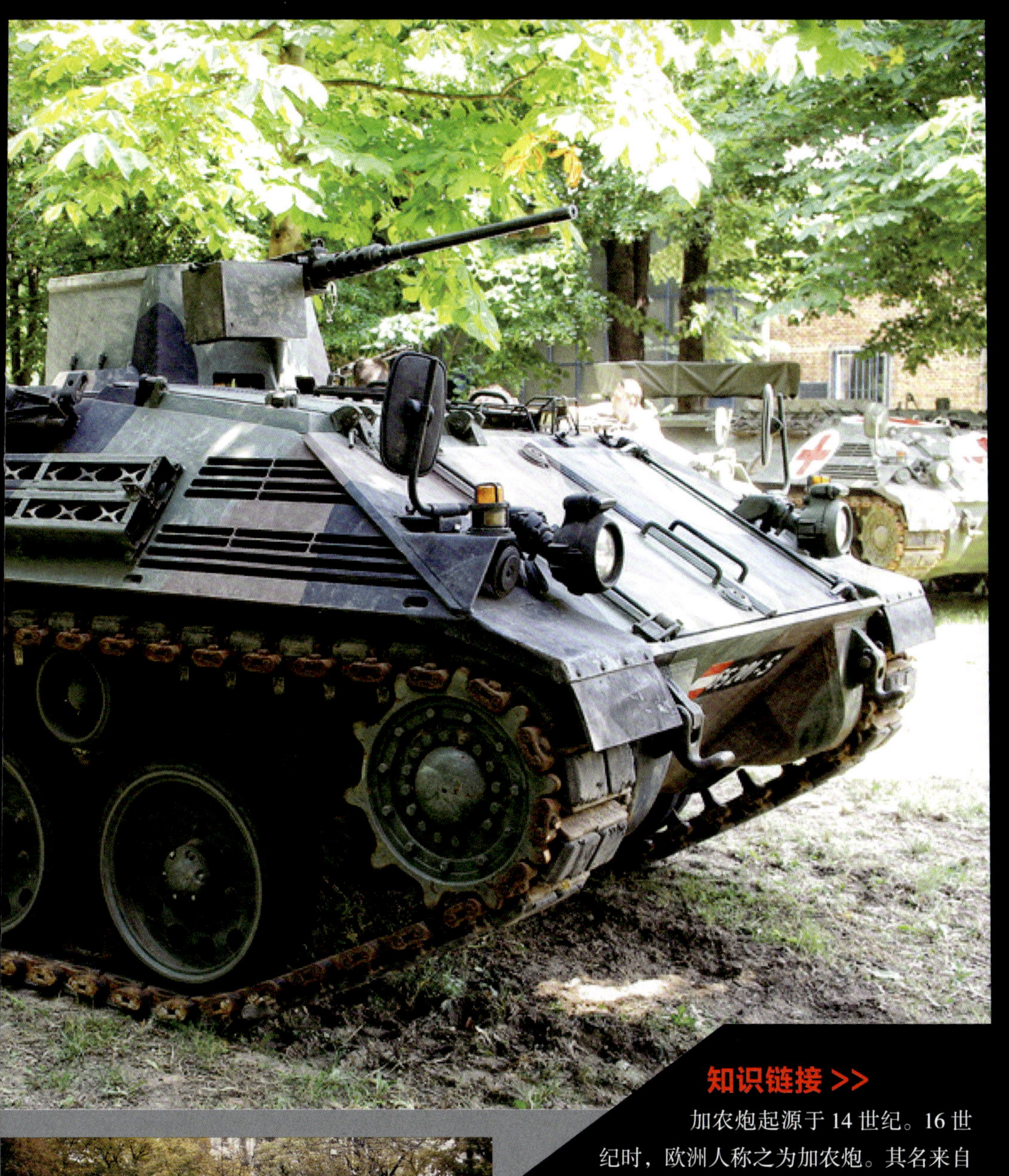

知识链接 >>

加农炮起源于 14 世纪。16 世纪时，欧洲人称之为加农炮。其名来自拉丁文 Canna，意为“管子”。加农炮的炮管较长，发射仰角较小，弹道低平，可直瞄射击，是炮弹膛口速度高的火炮，常用于前敌部队的攻坚战中。反坦克炮、坦克炮、高射炮、航空炮、舰炮和海岸炮也属于加农炮。

▲ 4K 4FA 装甲人员运输车

PANDUR

“潘德”装甲人员运输车（奥地利）

简要介绍

“潘德”（或译作“游骑兵”）装甲人员运输车是奥地利斯太尔·戴姆勒·普赫公司自行研制的轮式装甲车辆。该车采用的是焊接钢甲板的车体结构，防护能力比较好，是20世纪90年代12吨级别轮式装甲车辆中唯一不需要附加装甲就可以全方位防御7.62毫米穿甲弹的车型。该车还有三防系统、自动灭火抑爆装置、防地雷加强底装甲可选装。

研制历程

奥地利的斯太尔·戴姆勒·普赫公司（现为通用动力公司欧洲地面战斗系统部的子公司）从成立以来，便雄心勃勃地要开发、创建一个庞大的轮式装甲车家族。1979年，该公司为满足奥地利陆军对装甲侦察车辆的需求，开始研制一种（6×6）轮式装甲车。第一辆样车在1984年完成生产，1985年公开展出，1986年完成第一批6辆预生产型车，并定名为“潘德”，或称“游骑兵”。

斯太尔·戴姆勒·普赫公司在1995年收到了奥地利军方的订单，这次一共订购了68辆“潘德”轮式装甲车，其中联合国维和行动用了17辆，随后奥地利军方又追加订购了3批同型装甲人员救护车。

基本参数	
车长	5.7米
车宽	2.5米
车高	1.82米
战斗全重	13.5吨
最大速度	100米/时
最大行程	700千米

作战性能

“潘德”装甲人员运输车的武器主要是车顶枪塔内的1挺M2HB型12.7毫米重型机枪，此外还可以换装1具40毫米榴弹发射器或1挺7.62毫米MG3机枪。另外，在车体右前部布置有2组3具烟幕弹发射器。车体后部两侧，各装直径430毫米的喷水推进器，可水上行驶。为提高水上航速，采取平滑车底，以减少水中阻力。

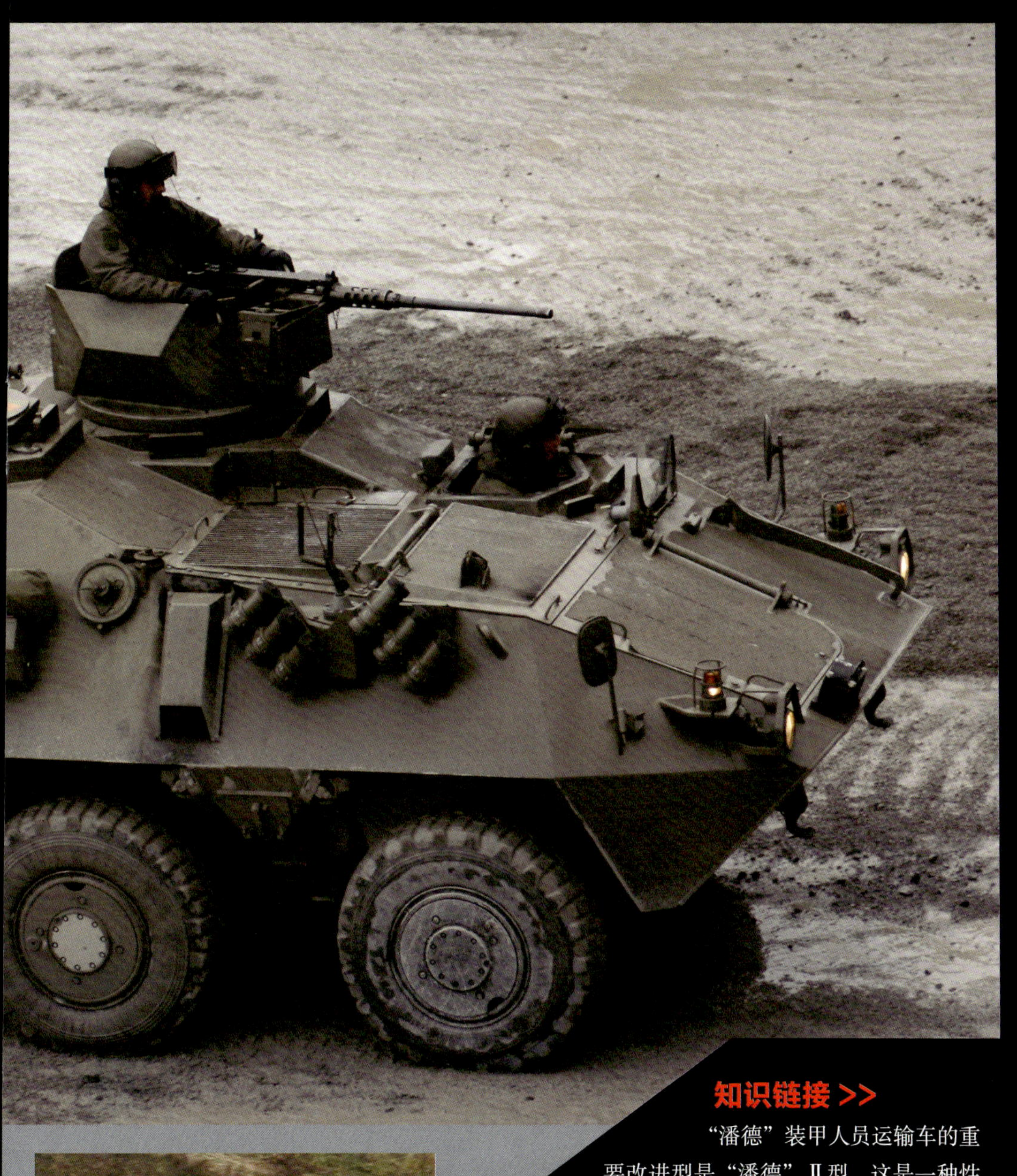

知识链接 >>

"潘德"装甲人员运输车的重要改进型是"潘德"Ⅱ型，这是一种性能优异的作战平台，而且变型能力强，可根据需要加装不同的武器系统以形成多种用途的装甲车辆。特别是其中的8×8车型，由于空间大、载重能力强，可加装的武器系统能力也更强。

▲ "潘德"装甲人员运输车

ASCOD 步兵战车（奥地利 / 西班牙）

简要介绍

ASCOD（Austrian Spanish Co-operative Development）是奥地利和西班牙联合研发之意。ASCOD 步兵战车车体侧面竖直，前上装甲倾斜明显，车顶水平，车后竖直，后门两侧各有一个较大的储物箱。驾驶员位于车体左前，右侧为动力装置，炮塔位于车体中央偏右。车体两侧各有 7 个负重轮，主动轮前置，诱导轮后置，有托带轮。悬挂装置上部有波浪状裙板。步兵通过车后一个较大的车门进出。

研制历程

ASCOD 步兵战车由奥地利施泰尔公司与西班牙圣·芭芭拉公司联合研发，西班牙于 1996 年最先订购 144 辆生产车型并命名为“皮萨罗”。

随后，奥地利陆军订购 166 辆该型车，并命名为“乌兰”，第一批共 4 辆该型车于 2002 年中期交付奥地利陆军。

ASCOD 步兵战车的变型车包括装有不同型号的反坦克导弹系统的反坦克车、装甲抢救车和修理车、装甲指挥车、装甲工程车、装甲迫击炮车。

基本参数	
车长	6.97米
车宽	3.15米
车高	1.76米
战斗全重	28吨
最大速度	70千米 / 小时
最大行程	600千米

作战性能

ASCOD 步兵战车上的双人电动炮塔装有带稳定器的“毛瑟”30 毫米 MK30-2 加农炮，炮左侧有 1 挺 7.62 毫米并列机枪。炮塔可旋转 360°，武器俯仰范围为 -10° ~ 50°。其标准设备包括三防系统、加热器、镶嵌式装甲和计算机化昼 / 夜火控系统。

▲ ASCOD 步兵战车

知识链接 >>

火炮稳定器由传感器和执行机构组成，能在运动中将火炮和机枪自动稳定在原来给定的方向角和高低角上，以保证火炮不受车体震动和转向的影响。当计算机给定火炮射击高低角后，高低向稳定器就将炮管稳定在给定位置上。在战斗中，车体可能是尾朝前、头朝后，但炮管始终指向目标方向，从而提高了坦克在运动中的射击精度和首发命中率。

“帕提亚”装甲车（芬兰）

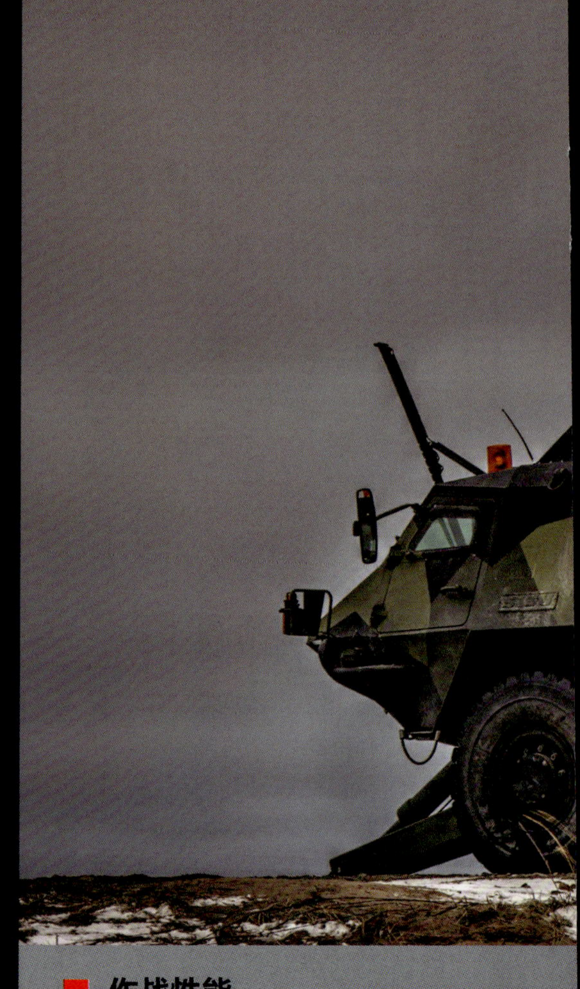

简要介绍

“帕提亚”装甲车是芬兰帕提亚防务集团公司和芬兰国防部于20世纪末共同开发的帕提亚系列装甲车族的最新型号，包括基本型、系统平台型和模块运输型3种车型。基本车型包括步兵战车、装甲人员运输车、指挥车和救护车，系统平台型包括指挥车、通信车、桅杆车、大型救护车和修理车，模块运输型包括集装箱运输车和导弹模块运输车。该车应用最先进的技术，作战能力较强，2001年开始主要装备于芬兰本国和波兰军队。

研制历程

20世纪末，帕提亚公司与芬兰国防军紧密合作，以XA-180系列6×6装甲人员运输车及其改型车的设计、研发与生产为基础，又开始研发一种模块化的装甲车。

2001年,第一辆“帕提亚”装甲车样车完成，随后又有另外的试验车。2002年，芬兰国防军开始装备“帕提亚”装甲车，最初两辆，一辆安装1挺12.7毫米遥控机枪，另一辆安装30毫米加农炮的双人炮塔。同年，波兰订购了690辆该车，其中658辆为8×8驱动式，32辆为6×6侦察车。

基本参数	
车长	7.7米
车宽	2.8米
车高	2.3米
战斗全重	28吨
最大速度	100千米/小时
最大行程	800千米

作战性能

“帕提亚”装甲车的最高防护级别可抵御30毫米穿甲弹的攻击，并且配有一流的防地雷保护设施，使其能承受相当于10千克TNT的炸弹。武器站通常安装在车顶中央。基础版本装备有遥控的12.7毫米机枪，或40毫米自动榴弹发射器。“帕提亚”装甲车配有强大的发动机，以保证其较高的速度和机动能力。该车具备水陆两栖作战能力。

知识链接 >>

战车的模块化设计有两种方式，一种是在战车研发过程中，将战车各部分划分为不同的功能模块，分别进行研究和设计，再加以组合，形成整体的战车；另一种则是以某一车型为基本型和通用底盘，在此基础上，通过换装不同的武器模块，达到变换为不同的车辆类型的目的。

▲ “帕提亚”装甲救护车

BMR-600 步兵战车（西班牙）

简要介绍

BMR-600步兵战车是西班牙陆军部研究局装甲车辆委员会与ENASA公司产品局于20世纪70年代合作研制的。该车可浮渡，利用车体后部两侧的喷水推进器推进，或用轮胎划水。任选设备有：各种电台、夜视仪器、三防装置、通信设备、地面导航系统、烟幕弹发射器和空调装置等。该车除装备西班牙陆军外，还出口埃及等国。

研制历程

1972年，为满足西班牙军方的需要，陆军部研究局装甲车辆委员会与ENASA公司产品局合作，开始了轮式步兵战车的研究工作。ENASA公司及其下属的毕卡索公司负责该车的机动性部件，而军方则负责武器系统。

1975年开始样车制造，于1976年完成第一辆样车。样车装用1台柴油机，发动机位于驾驶员后面，车体左侧；武器则在发动机的右侧。随后，研究人员对其进行了各种使用条件下的试验，重新设计的样车在总体布置上有所变化，发动机改在车体右侧，而武器则在驾驶员后面，后该车被正式定名为BMR-600型。

基本参数	
车长	6.15米
车宽	2.5米
车高	2.36米
战斗全重	14吨
最大速度	103千米/小时
最大行程	1000千米

作战性能

BMR-600步兵战车采用铝装甲焊接车体结构，前部有间隙装甲，全车各部位均可防7.62毫米穿甲弹。驾驶员前面和两侧均有防风挡，战斗时前部可用折叠式装甲板防护。发动机舱内有半自动的火灾报警装置与灭火装置。该车装有全方位旋转的指挥塔和8个潜望镜，塔上有1挺外置式12.7毫米机枪。车体两侧和后部可开6个射孔，并有观察镜。每个车轮均为独立悬挂，采用了液气悬挂与马克菲尔逊悬挂相结合的形式，可使车轮根据地形升降。

知识链接 >>

1979 年，西班牙军方签订了首批 15 辆 BMR-600 步兵战车的合同，总需求量为 500 辆。1982 年，埃及计划采购 600 辆该型车，第一批 250 辆于 1984 年年底交货，其中包括 BMR-600 的变型车：装甲人员运输车、指挥车、抢救保养车和救护车。1983 年，沙特阿拉伯订购了 140 辆 BMR-600，1985 年开始交货。

▲ BMR-600 步兵战车

LAV Ⅲ装甲人员运输车（加拿大）

简要介绍

LAV Ⅲ装甲人员运输车是加拿大通用汽车公司柴油机分部从 1988 年开始自行投资设计的一种 8×8 型装甲人员运输车的最新改进型，1999 年开始装备加拿大陆军，并出口澳大利亚和美国。LAV Ⅲ具备完全两栖能力，在水中由安装于车尾的推进器驱动，绞盘前方的防浪板在入水前竖起，不需要时折入车体正面下方；前 4 个负重轮有动力辅助转向；标准设备包括绞盘、火灾探测与灭火系统。

研制历程

1988 年，加拿大通用汽车公司柴油机分部自行投资设计并制造了一种 8×8 型装甲人员运输车的样车。该车采用为美国海军陆战队生产过的轻型装甲车（LAV）的底盘和传动部件。

后来加拿大陆军为后备队订购了 199 辆该车的改进型，称之为 LAV Ⅲ“科迪亚克”。20 世纪 90 年代中期开始批量生产该车。由该型装甲车所衍生的，还有一种被称为“小狼”的 8×8 型装甲侦察车，安装有 LAV25 炮塔和桅杆传感器。

基本参数	
车长	6.93米
车宽	2.66米
车高	2.8米
战斗全重	16.95吨
最大速度	100千米 / 小时
最大行程	450千米

作战性能

LAV Ⅲ装甲人员运输车的车体较长，车体正面于车头下方向后倾斜至前负重轮位置，其附加的陶瓷装甲可提高全方位防护能力，可抵御 14.5 毫米子弹的攻击。车体前上装甲向内倾斜明显，车顶水平，后半部分几乎垂直并有广阔的外部装载区。该装甲车对底盘进行了强化，以抵御地雷和简单爆炸装置。另外，凸起的车长指挥塔与第二排负重轮相齐，在车体左部，环状支座上安装有 25 毫米链式机炮和 7.62 毫米同轴机枪。

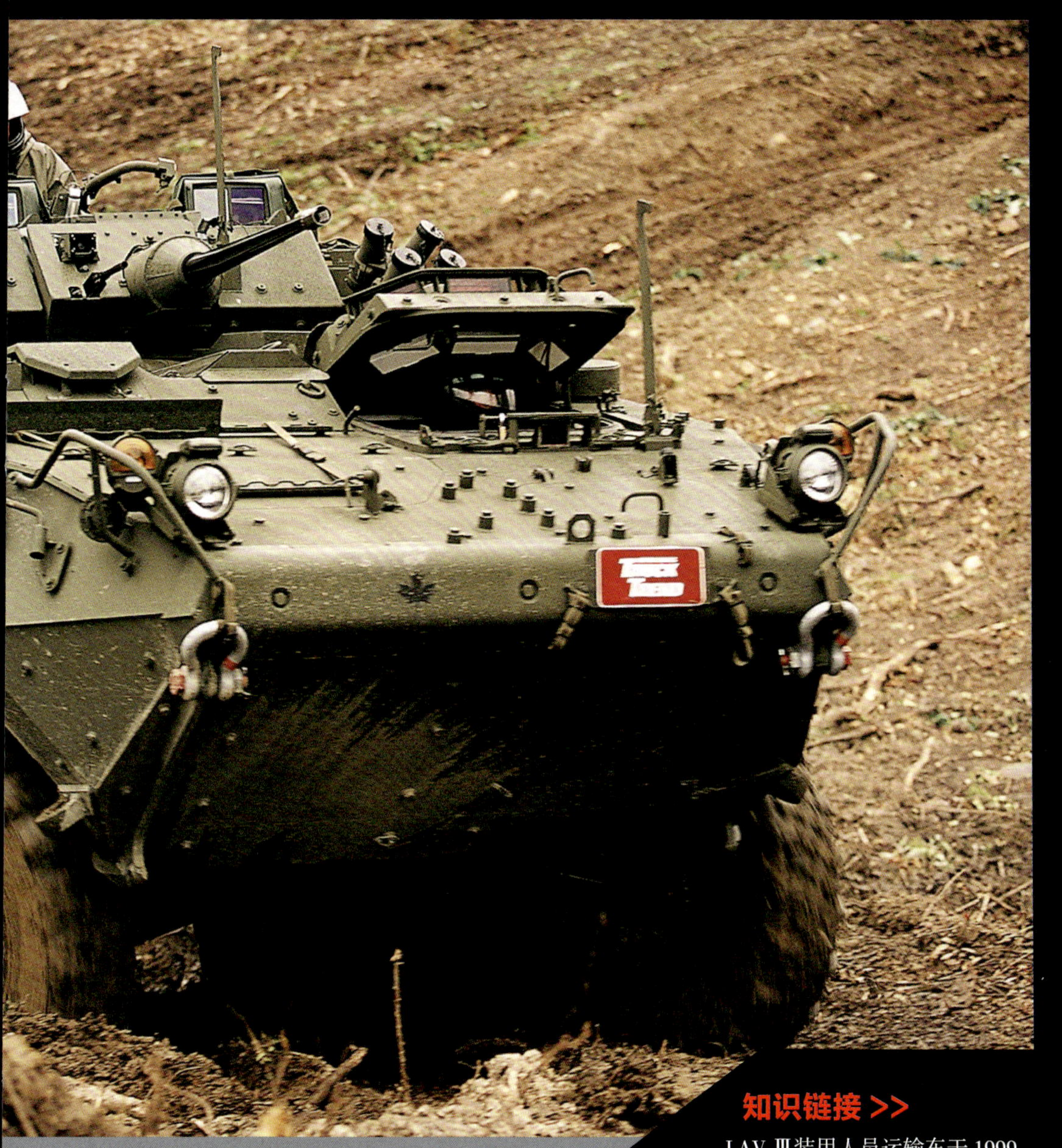

知识链接 >>

LAV Ⅲ装甲人员运输车于 1999 年在加拿大开始服役，加拿大海陆空三军订购的车辆中包括 149 辆装甲人员运输车以及改进的战地指挥车和 81 毫米迫击炮车、维修车（安装了液压起重机）。

▲ LAV Ⅲ装甲人员运输车

TYPE 60

60 式装甲人员运输车（日本）

简要介绍

60 式装甲人员运输车是日本防卫厅于 1956 年仿美国 M59 装甲车研制的第一代履带式装甲车。1957 年由三菱重工业公司和小松制作所分别制造样车，1962 年开始服役，仅装备于日本陆上自卫队。之后随着后继车型 73 式装甲运输车以及新研制的 89 式步兵战车的诞生，60 式装甲人员运输车逐渐退役。

研制历程

20 世纪 50 年代中期，日本防卫厅提出要研制一种全履带式装甲人员运输车。1956 年开始在美国 M59 装甲车的基础上进行设计，1957 年由三菱重工业公司和小松制作所分别制造样车，前者的样车称 SU-Ⅱ型，后者的样车称 SU-Ⅰ型。

在对各种样车进行测试后，上述公司又分别生产了改进型样车及 81 毫米和 107 毫米自行迫击炮样车。1960 年由三菱公司生产的改进型样车定型，并被命名为 60 式装甲人员运输车，批量生产随即在小松和三菱公司展开，从 1959 年一直持续到 1972 年，生产约 430 辆。

基本参数	
车长	4.85米
车宽	2.4米
车高	2.31米
战斗全重	11.8吨
最大速度	45千米 / 小时
最大行程	300千米

作战性能

60 式装甲人员运输车采用全焊接钢板的车体结构。车体左侧是机枪手位，顶部有 1 个左后的单扇舱盖可打开，其上装有 1 个以 M6 潜望镜为瞄准器的 M1919 A4 式 7.62 毫米机枪。驾驶员和机枪手之后的指挥塔内是车长位，8 个观察镜装在车长位进行周视观察。车长之后的车体右侧是炮手位，并有 2 个可向两边打开的舱盖。车上装有 1 挺 M2 HB 式 12.7 毫米机枪，可以 360° 旋转并有挡板防护。

知识链接 >>

在第一次世界大战结束后不久，日本就从英国和法国引进了装甲车。二战前，日本先后研制出6轮装甲车和“角田”装甲车，并曾应用于实战。二战后，日本组建了陆上自卫队，美国军队曾向其提供了M8轮式装甲车，但是由于当时日本国内的道路状况恶劣，所以该装甲车没多久便不再使用。正因如此，日本当时研制的60式和73式均为履带式装甲运输车。

▲ 60式装甲人员运输车

TYPE 73

73 式装甲人员运输车（日本）

简要介绍

73 式装甲人员运输车是 20 世纪 60 年代日本多家公司联合为日本陆上自卫队设计生产的履带式装甲运兵车，也是战后日本设计、制造的第二代履带式装甲车。该车于 1974 年开始服役，用以同当时正在研制的第二代 74 式坦克协同作战。

研制历程

1967 年，日本防卫厅提出要在第一代，即 60 式装甲人员运输车的基础上发展新型的履带式装甲运输车，以搭配当时正在研发的第二代 74 式坦克协同作战。

为此，三菱重工业公司、小松制作所、日立制作所、日本电气公司和神户制钢所都参与了设计研发。1968 年完成了机动部件试验台的制作与试验，1969 年，三菱重工业公司和小松制作所分别生产出 2 辆样车（三菱重工业公司样车称为 SUB I–1 和 SUB I–2 型；小松制作所生产的样车称为 SUB II–1 和 SUB II–2 型样车）。

1972 年，日本陆上自卫队对样车进行了广泛试验，并于同年 12 月选取了三菱重工业公司研制的铝装甲样车 SUB I–2，又经少许改进，1973 年定型为 73 式装甲人员运输车。

基本参数	
车长	5.8米
车宽	2.8米
车高	2.2米
战斗全重	13.3吨
最大速度	70千米 / 小时
最大行程	300千米

作战性能

73 式装甲人员运输车的车身低矮，前上倾斜 45°，车顶水平，车后竖直，有 2 个车门，车体侧面竖直。车体前上有浮渡围帐，7.62 毫米机枪位于前上左侧，12.7 毫米机枪位于车顶右侧凸起的炮塔之上。载员舱顶部有 1 个双扇门舱口，尾门为跳板式。车体两侧和双扇尾门上共有 6 个射击孔。该车内有三防装置，车体顶部后方两侧各有 3 具烟幕弹发射器。

知识链接 >>

73式装甲人员运输车从1974年年开始装备于日本陆上自卫队，至1988年年底仅用于北海道的第七机械化师和一部分坦克部队。该车生产量不大，但在量少的自卫队规模中算是大量的装备。73式装甲人员运输车现在正逐步被96式装甲运兵车所取代。

▲ 73式装甲人员运输车

82 式指挥通信车（日本）

简要介绍

82 式指挥通信车是日本三菱重工业公司于 1978—1981 年间研制的轮式装甲车，1982 年定型生产后开始服役于日本陆上自卫队。该车不同于普通指挥车通常由轻型装甲车辆改进而成，而是采用专门研制的底盘，并且非常注重通信联络能力。

研制历程

20 世纪 70 年代以前，日本陆上自卫队处于初创期，使用的是美军 M8 装甲车和 M20 装甲车 2 种轮式装甲车。不过当时日本道路网贫弱，主要国道大部分未铺柏油，美军装甲车作为日本国内移动轮型车辆机动力不强，因此只配备少量，且服役期较短。

之后日本经济快速发展，轮型车辆不确定要素大半消除，1974 年，为了满足日本陆上自卫队对侦察车的要求，小松制作所和三菱重工业公司分别研制了 4×4 和 6×6 轮式装甲车。试验后，日本决定集中研制 6×6 装甲车。1978 年至 1981 年间进行研制，生产了 4 辆样车，1982 年定型投产，即 82 式指挥通信车。该车自 1982 年开始服役于日本陆上自卫队。

基本参数	
车长	5.78米
车宽	2.48米
车高	2.37米
战斗全重	13.5吨
最大速度	100千米 / 小时
最大行程	500千米

作战性能

82 式指挥通信车为全焊接菱形全密闭式车体。动力舱在副驾驶员之后的车体左侧，其顶部有 1 个单扇舱盖，带有 1 个回转潜望镜和 1 挺 7.62 毫米机枪。战斗时，驾驶窗玻璃由装甲板防护。该车车身呈流线型，车内装有可拆卸的三防装置。虽然不能水陆两用，但装有先进的通信设备：调频电台装有 F6、F7 型收发报机，调幅电台装有 N1 型收发报机和 N4 型接收机。车上安装有 3 种报警接收机和抗干扰的滤波器。

知识链接 >>

20 世纪 60 年代以后，虽然美苏冷战日益“升温”，但世界大战终究没有爆发，在欧洲率先流行起了“低成本机械化陆军”的概念，其主要体现为使用生产、维护成本较低的轮式装甲车辆取代履带式装甲车辆。已经具备较强工业基础的日本，于 1968 年开始搜集有关情报，着手开展有关轮式车辆的预研工作。

▲ 82 式指挥通信车

TYPE 87

87 式侦查警戒车（日本）

简要介绍

87 式侦查警戒车是日本小松制作所于 1983 年根据日本陆上自卫队的需求而研制的装甲车，1987 年开始生产并服役于日本陆上自卫队。日本陆上自卫队内部队员都将侦查战斗车的英文“Reconnaissance Combat Vehicle”简称为“RCV”。该车与三菱重工业公司开发的 82 式指挥通信车共用许多零部件。

研制历程

1982 年，日本推出第一款轮式装甲车——82 式指挥通信车。在使用过程中，该车暴露出了很多问题。其中最主要的问题是车内空间不足，以至于使用的时候不得不在车位上部搭一个临时的“窝棚”。这样的敞篷结构显然不符合使用部门的要求，此外，该车改造空间狭小，装备制造和维修的通用性较差。

对此，小松制作所随即投入到新型轮式装甲车的研制工作当中。1983 年，该公司提出新型装甲车将继续沿用 82 式通信指挥车上性能良好的发动机、悬架传动系等主要部件，车辆总体采用全新设计，在此基础上，他们仅用不到两年时间就做出了新的样车。使用部门这次没有急于定型，而是对其经过几轮严格实战试验，直到 1987 年才将该型车命名为 87 式侦查警戒车。

基本参数	
车长	5.99米
车宽	2.48米
车高	2.8米
战斗全重	15吨
最大速度	100千米 / 小时
最大行程	500千米

作战性能

87 式装甲侦察警戒车采用了盒装车身，炮塔位于车顶中间，有 8 个竖直面。由于过分追求车体小型化，无法安装大口径火炮。前面安装有厄里肯公司研制的 KBA 型 25 毫米机炮，右侧为 1 挺 74 式 7.62 毫米并列机枪。车体两侧各有 3 个等距车轮，左边第二、三个车轮之间有 1 个向前开的车门。由于安装了装甲，该车比原本用于侦察任务的 73 式吉普车更安全，侦察任务能力自然也有所提升。不过，该车没有渡水能力。

▲ 87 式侦查警戒车

知识链接 >>

日本株式会社小松制作所（即小松集团）是全球最大的工程机械及矿山机械制造企业之一，成立于 1921 年。总部位于日本东京，在全球设有 5 个地区总部。主要产品有挖掘机、推土机、装载机、自卸卡车等工程机械，各种大型压力机、切割机等产业机械，叉车等物流机械，盾构机等地下工程机械及柴油发电设备等。

89 式步兵战车（日本）

简要介绍

89 式步兵战车是日本制钢所、三菱重工业公司于 20 世纪 80 年代为日本陆上自卫队搭配坦克使用的兼具武器和装甲的步兵战车，也是日本研发成功的第一种步兵战车。该车于 1989 年开始服役，在其基础上衍生出了扫雷车、装甲战斗车和侦察警戒车等车型。

研制历程

20 世纪 80 年代，日本陆上自卫队已经拥有多种装甲运兵车，例如 60 式装甲人员运输车和 73 式装甲人员运输车。但是，当时世界的潮流已经开始走向机械化步兵，不仅是移动，还有一定程度的装甲强化和支援火力强化，这使日本有了研发新型装备的打算。

1979 年，这种为陆上自卫队搭配坦克使用的新型装甲步兵战车开始部件研制，车体由三菱重工业公司负责；炮塔由日本制钢所负责。1984 年，日本国防预算拨款 6 亿日元，要求试制 4 辆样车。1985 年试制成功，1986 年至 1988 年进行了试验。原拟于 1988 年定型，但试验未能达到预期效果，定型时间推迟到 20 世纪 90 年代初，不过仍称为 89 式机械化步兵战车。

基本参数	
车长	6.7米
车宽	3.2米
车高	2.5米
战斗全重	27吨
最大速度	70千米 / 小时
最大行程	400千米

作战性能

89 式步兵战车双人炮塔前面安装 1 门瑞士制造的 35 毫米机炮和 1 挺 7.62 毫米并列机枪，两侧各安装 1 具反坦克导弹发射装置和 3 具烟幕弹发射器。配备燃烧杀伤弹、曳光弹、穿甲杀伤弹、脱壳穿甲弹。炮塔两侧有日本生产的 KAM 系列反坦克导弹发射装置，配有重型“马特”反坦克导弹 5 枚，导弹采用激光制导模式。炮手和车长的光学瞄准镜、激光测距仪、弹道计算机和微光电视等组成了火控系统。

知识链接 >>

1957 年，日本防卫厅技术研究部与川崎重工业公司合作，以法国 SS-10 反坦克导弹为基础，开始研制第一代反坦克导弹，并于 1964 年研制成功，称为 64 式“轻马特”反坦克导弹（ATM-1）。随后，日本又着手研制第二代重型远程反坦克导弹，称为 79 式“重马特”反坦克导弹（ATM-2）。接着，1988 年研制出一种半主动激光制导反坦克导弹，称之为 87 式“中马特”反坦克导弹（ATM-3）。

▲ 89 式步兵战车

TYPE 96

96 式装甲人员运输车（日本）

简要介绍

96 式装甲人员运输车是日本小松制作所于 20 世纪 90 年代初开始研制的新型轮式装甲人员运输车，1996 年开始装备于日本陆上自卫队。该车被日本军方寄予厚望，他们认为 96 式装甲车将开创日本轮式装甲车车族化之先河。

研制历程

20 世纪 90 年代，日本防卫形势悄然发生了变化，苏联解体，来自北方的强大威胁消失，日本陆上自卫队开始转型，由强调北方重装甲决战转向战略机动作战。为此，日本将名古屋的第 10 师团改编为“战略机动型师团”。这样，轮式装甲车重量轻、战略机动性能强的优势就得到了重视。

在此情况下，日本小松制作所于 1992 年（在 87 式侦查警戒车推出后不久）即已经开始研制 8×8 型布局的轮式战车。经过几年的努力，改进了总体布置，使用先进的“H”型动力传动系统，推出了一种新型的轮式装甲人员运输车，1996 年定型生产并服役，因此称之为“96 式”。

基本参数	
车长	6.84米
车宽	2.48米
车高	1.85米
战斗全重	14.5吨
最大速度	100千米 / 小时
最大行程	500千米

作战性能

96 式装甲人员运输车指挥塔上可安装 12.7 毫米机枪或 40 毫米榴弹发射器等武器，并可在指挥塔内进行瞄准和射击；载员舱顶部的舱门处还可以架设机枪或 84 毫米无后坐力炮，舱两侧的车体装甲上各开有 2 个防弹玻璃窗，窗的内侧装有活动窗帘，载员可以方便地在车内观察车外情况。这种设计在装甲人员运输车中是少有的。

知识链接 >>

96 式装甲人员运输车自 1996 年开始装备于日本陆上自卫队，主要部署在北海道普通科连队，自卫队内部昵称“96”“96W”“96WAPC”“WAPC”等。该型车也参加过人道派遣行动，派出海外的多为“B 型”机枪型，原本两色迷彩改成深绿色，后舱左右上半部外挂有保护装甲板。

▲ 96 式装甲人员运输车

TYPE 16

16 式机动战斗车（日本）

简要介绍

16 式机动战斗车是为了弥补 74 式坦克退役之后的空缺。虽然其火力与 74 式坦克相当，但是由于作战对象设定为敌方轻型装甲车辆和支援步兵的作战车辆，所以没有和第三代主战坦克过招的实力。为了适应日本全境河流众多、山坡陡峭的地形，该车装备了中央轮胎充放气系统，提高了车辆在松软地形区域的通行能力，但是该车不具备水上航行能力。该车可以用日本最新研制的 C-2 运输机进行空运，服役后具有远程投送能力。

研制历程

16 式机动战斗车主要由三菱重工业公司负责生产，由于经费不足，日本自卫队最新制订的《防卫计划大纲》，计划将日本现役坦克保有量削减至 300 辆。由于现役坦克的数量减少，防卫省通过了研制价格相对低廉的新型轮式战斗车辆计划，即 16 式机动战斗车的研制计划。2016 年，被制式化的日本陆上自卫队的最新战斗车辆——16 式机动战斗车隆重登场。

基本参数	
车长	8.45米
车宽	2.98米
车高	2.87米
战斗全重	26吨
最大速度	100千米 / 小时

作战性能

16 式机动战斗车主要武器为 1 门 L52 / 105 毫米线膛炮，辅助武器为 1 挺 74 式 7.62 毫米并列机枪以及 1 挺 12.7 毫米高射机枪。其火控较为先进，采用的是 10 式坦克火控系统的简化版本。车体为防弹钢板全焊接结构，车体正面能抵御 20 毫米机炮的攻击，其余部位可以抵御 12.7 毫米以下穿甲弹的攻击。

知识链接 >>

线膛炮是在炮管内刻有不同数目的膛线的火炮。膛线能有效保证弹丸的稳定性，提高射程。二战时期，大多数炮都是线膛炮，20 世纪 60 年代以后大部分使用滑膛炮，线膛炮装填炮弹是弹头和药包分装的，虽然俄罗斯的滑膛炮也是分装的，但是俄罗斯有装弹器，威力提升空间大，线膛炮炮弹的药包限制了其威力的提升。

▲ 16 式机动战斗车

KNIFV 步兵战车

简要介绍

KNIFV 步兵战车是韩国国防开发局、斗山集团、三星集团、通吉重工四家于 21 世纪初为韩国陆军联合研制的最新型步兵战车，2008 年开始交付军队。

研制历程

1990 年，韩国国防开发局拿出几套与国内外大公司合作的方案，但多遭否决或不了了之。直到 1996 年 3 月，国防开发局和大宇重工共同拿出 KIFV-2000 方案，国防部也准备予以批准，但其后大宇集团解体，其子公司大宇重工被斗山集团兼并，使项目再次搁置。直到 1999 年年底，韩国国防开发局为斗山集团争取到政府津贴，三星集团、通吉重工也愿意加入，四方对原方案作了 70 余处改动后，变成为 KNIFV 项目。

2004 年制造出了第一辆样车，2005 年 5 月韩国正式宣布 KNIFV 步兵战车定型生产，称为 K300 或 XK21 KNIFV。

基本参数	
车长	6.75米
车宽	3.5米
车高	2.83米
战斗全重	25吨
最大速度	70千米 / 小时
最大行程	450千米

作战性能

KNIFV 步兵战车的最大特色是其底盘由全玻璃纤维制成，减重后可以大幅增加车速。双座位的 XK21 炮塔装有 40 毫米 L70 BOFORS 机炮并且可以发射 APFSDS、高爆弹、烟幕弹等多种弹械。所有弹药都存在炮塔下部。内建电脑装弹的火控系统和行进稳定射击装置，使得本车具备第三代主战坦克的实力。

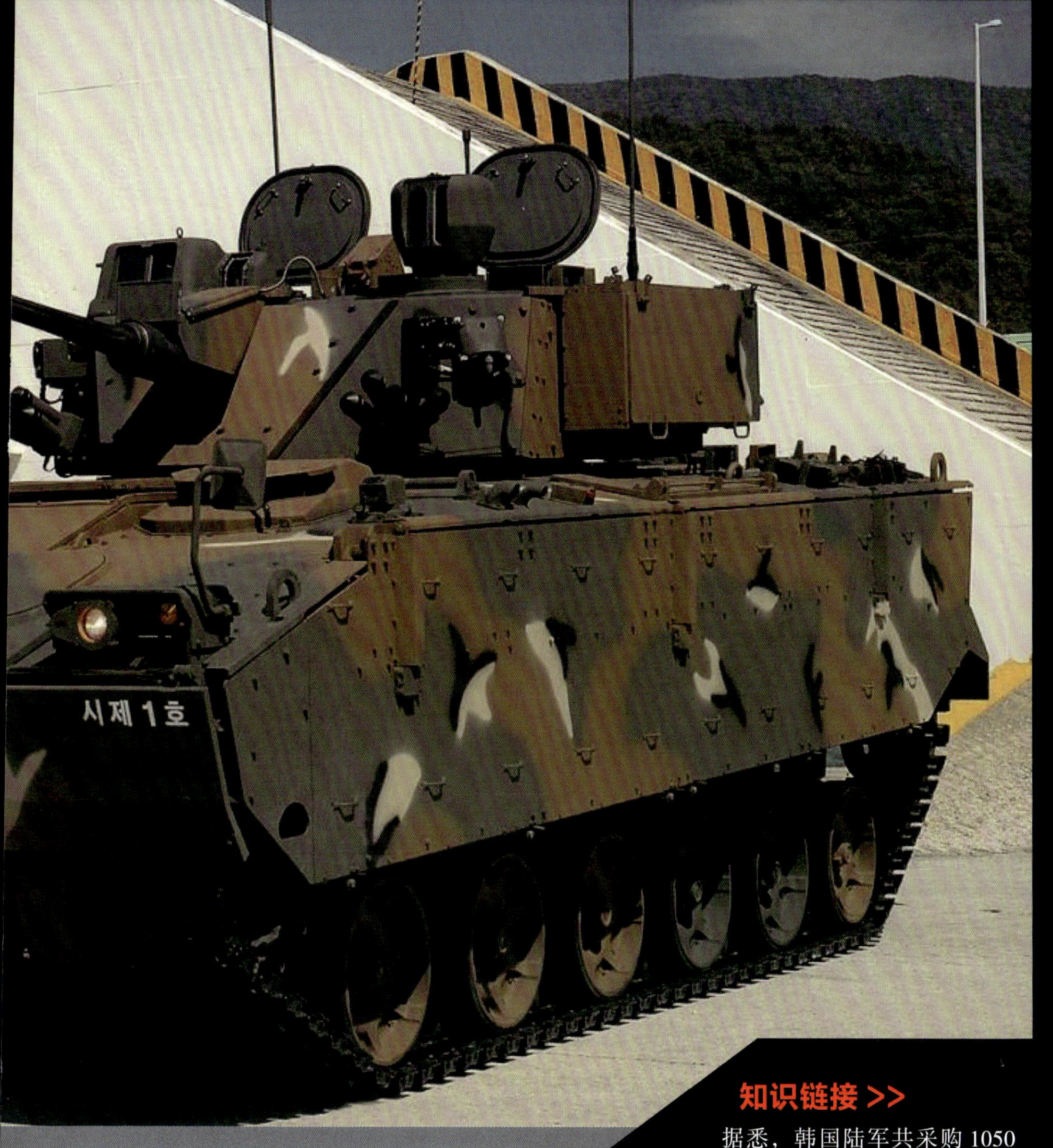

知识链接 >>

据悉，韩国陆军共采购 1050 辆 KNIFV 车族（其中 70% 为标准战斗型，其余 30% 为变型车），从 2008 年开始交付。同时，该车所体现出来的强大火力、高防护力和高信息化程度，代表了未来步兵战车的发展方向，具备成为国际军火市场佼佼者的潜力。

▲ KNIFV 步兵战车射击瞬间

BORAGH

“博拉格”装甲人员运输车（伊朗）

简要介绍

“博拉格”装甲人员运输车是伊朗国防工业机构沙希德·科拉多茨工业集团于1986年开始研制的，但直至1997年才定型生产并开始服役于伊朗陆军。该车具有两栖作战能力，采用这种车的底盘，已经发展出两种变型车。

研制历程

伊朗自1979年起，以自己丰富的石油资源做后盾，开始建立自己的装甲车工业基地，采用了“两条腿走路”的发展方针，一方面改装老式坦克，一方面生产新型装甲车辆。

作为伊朗国防工业机构中最大的企业，沙希德·科拉多茨工业集团首先采用了伊朗改进型T-72Z坦克和俄罗斯T-72系列坦克的部件，研制出了“佐勒菲卡尔”主战坦克；1986年，又开始自主研发一种装甲运输车。首辆样车于1987年问世，后经过一系列严格的试验和精心改进，于1997年设计定型为“博拉格”装甲人员运输车并投入生产。

基本参数	
车长	6.65米
车宽	3.25米
车高	2.45米
战斗全重	13吨
最大速度	65千米/小时
最大行程	500千米

作战性能

“博拉格”装甲人员运输车与俄罗斯BMP-1步兵战车有几分相似，该车采用全焊接车体，可防御轻武器和炮弹破片的攻击。驾驶舱位于车首左侧，有1扇向右开启的舱盖，安装有4个昼用潜望镜。驾驶舱后面未设有车长座位。车上还装有泄气保用系统，在轮胎被轻武器打穿后仍能行驶大约60千米。“博拉格”装甲人员运输车在水中可以靠履带划水推进，水中最大速度为65千米/小时。

▲ “博拉格”装甲人员运输车后尾门开启状态

知识链接 >>

“博拉格”装甲人员运输车自 1998 年开始服役，从此成为伊朗陆军的主力装甲车。之后，该车又有 5 种变型车，分别是装甲增强型人员运输车、120 毫米自行迫击炮车、弹药供给车、“博拉格”步兵战车和“图藩”反坦克导弹发射车。

EE-9 CASCAVEL

EE-9“卡斯卡维尔”装甲侦察车（巴西）

简要介绍

EE-9“卡斯卡维尔”装甲侦察车是巴西恩格萨公司于1970年年初按巴西陆军的要求开始研制的轮式装甲侦察车。1974年，恩格萨EE-9“卡斯卡维尔”轮式侦察车开始服役于巴西陆军，并被命名为CRR侦察车。

研制历程

1970年，恩格萨公司为满足巴西陆军的要求，开始研制恩格萨EE-9“卡斯卡维尔”轮式装甲侦察车。

第一辆EE-9侦察车样车完成于1970年11月，1972—1973年试生产了一部分车辆，经过试验和评估后，获得军方认可，1974年正式生产出第一批该型车。最初交付巴西陆军的侦察车装备的是37毫米火炮炮塔，供出口的侦察车装备的是法国90毫米炮塔，后来所有EE-9车装备的都是ET-90“恩格萨”炮塔。迄今为止，恩格萨公司生产制造了EE-9“卡斯卡维尔”MK Ⅰ、Ⅱ、Ⅲ、Ⅳ、Ⅴ共5种车型。

基本参数	
车长	6.2米
车宽	2.64米
车高	2.68米
战斗全重	13.4吨
最大速度	100千米/小时
最大行程	880千米

作战性能

EE-9“卡斯卡维尔”装甲侦察车采用的是双硬度装甲钢板全焊接车体结构。车体前部为弧状结构，特别考虑了对陷阱、榴弹和莫洛托夫燃烧瓶的防御。炮塔左侧是车长位，右侧是炮长位，二者共用1个后开舱盖和4个潜望镜，炮长使用1个6倍率的主炮瞄准望远镜。炮塔旋转及炮的俯仰可电动。

知识链接 >>

该装甲侦察车的动力舱在车的后部，发动机可由顶部的 2 个舱盖接近。车上安装有前后差速器，由分动箱分开驱动，前差速器用螺栓固定在车体上，将动力由主轴传至前轴。后差速器为恩格萨飞镖摆杆悬挂的一部分，摆杆可绕中心轮毂自由旋转，通过摆杆中的齿轮将动力传到后 4 轮上。后悬挂允许后轮的垂直最大行程为 0.9 米，保证了后轮总是附着地面。

▲ EE-9“卡斯卡维尔”装甲侦察车

EE-11 URUTU

EE-11"乌鲁图"装甲人员运输车（巴西）

简要介绍

EE-11"乌鲁图"装甲人员运输车是巴西恩格萨公司于1970年为陆军和海军陆战队研制的轮式（6×6）装甲人员运输车。该车采用了EE-9"卡斯卡维尔"装甲侦察车许多部件，经不断改进，共有5个常规型号和专为巴西海军陆战队设计的水陆两用型。1972年投产后不久，"乌鲁图"装甲人员运输车开始装备于巴西陆军和海军陆战队。另外订购该车的有南美、非洲、中东等地的十多个国家。

研制历程

恩格萨公司是巴西生产轮式装甲车的最大厂商，1970年，该公司应巴西陆军和海军陆战队的要求，在研制恩格萨EE-9"卡斯卡维尔"装甲侦察车的同时，采用该车的许多部件，开始研制EE-11"乌鲁图"装甲人员运输车。

由于这种有利条件，"乌鲁图"的研制几乎与EE-9是同步的，1970年7月就完成了第一辆样车，1972年即正式投产。后经不断改进，共有5个常规型号和专为巴西海军陆战队设计的水陆两用型。到1984年时，该车总产量已超过了1500辆。

基本参数	
车长	6.1米
车宽	2.65米
车高	2.9米
战斗全重	14吨
最大速度	105千米/小时
最大行程	850千米

作战性能

"乌鲁图"装甲人员运输车的车体、炮塔采用双硬度轧制钢板焊接结构，在直射距离内能防轻武器。其武器通常是在车顶环形枪架上安装1挺M2 HB 12.7毫米机枪或7.62毫米机枪。海军陆战型车在后顶部装有4根水上行驶时的进气管，陆地行驶放倒平置。车辆浮渡时，车前竖起防浪板并气动操纵进气管升起，使空气进入乘员舱。车内有三防装置。

知识链接 >>

“乌鲁图”装甲人员运输车有着良好的改进潜力，之后恩格萨公司以它为基础，陆续发展出了 AFSV 火力支援车、81 毫米自行迫击炮、抢救车、国内安全车、救护车等。其中，国内安全车保留了 EE-11 运输车的机动性和防护力，车前装有清理障碍推土铲，主要用于防暴、内警、护卫、运送步兵或巡逻机场和其他危险地区。

▲ EE-11 “乌鲁图”装甲人员运输车

VBTP-MR 装甲车（巴西）

简要介绍

VBTP-MR 装甲车由巴西国防部和意大利依维柯公司联合开发，在葡萄牙语中 VBTP-MR 意即“中型轮式装甲人员运输车基本平台”。全车整体采用常规结构，动力系统前置，其进出气口位于车体右侧，驾驶员和车长一前一后位于车前左侧，驾驶员配有红外夜视潜望镜可以进行 360° 观察，车长前方有一个可升高的潜望镜，以便越过驾驶员舱盖观察前方。该型车在近水、濒水和山地等各种复杂地形都具有较好的行动能力。

研制历程

为了替换国内老化装甲车，巴西陆军通过国际招标的方式来获得先进装甲车。在 2005 年时，巴西军方意识到新一代装甲车必须具备快速部署能力，以适应军方越来越多的海外维和任务，于是将“VBTP-MR 可由 C-130 运输机装载”的机动部署性能写进了技术指标。最终，VBTP-MR 样车在 2009 年亮相于里约热内卢国际航空防务展。

基本参数	
车长	6.9米
车宽	2.7米
车高	2.34米
战斗全重	16.7吨
最大速度	100千米 / 小时
最大行程	600千米

作战性能

VBTP-MR 装甲车的武器系统采用以色列埃尔比特公司生产的 UT-30 无人炮塔，可配用多种武器，如 7.62 毫米机枪、12.7 毫米机枪、30 毫米或 40 毫米榴弹发射器或反坦克导弹等。此外，激光告警系统、车长全景瞄准式和发烟榴弹发射器也与炮塔整合在一起。车辆的车载武器和光电系统采用双轴稳定，可在行进间射击，观瞄火控系统还整合了目标自动跟踪、激光测距等功能，对移动目标具有较高的首发命中率。

知识链接 >>

巴西军方在当初规划该车性能时就很看重它的两栖作战性能。因此依维柯公司在开发该车时以自己旗下生产的两栖装甲运输车为基础。从外形上看，二者十分相似；在结构上，新型车采用类似美国 AAAV 两栖突击车前部的滑行车体，但倾斜角度较 AAAV 小一些。为减少涉水行驶时的阻力，车体两侧简洁、光滑，可加配侧翼浮筒以增强其在河流水网密布地区的浮渡能力。

▲ VBTP-MR 装甲车

NAMER

“纳美尔”装甲运兵车（以色列）

简要介绍

“纳美尔”装甲运兵车是以色列20世纪80年代在以军现役主力“梅卡瓦”坦克的技术平台基础上研发的有史以来最重的装甲运兵车，2008年开始服役，其出色的装甲防护能力可以抵御重型反坦克武器的攻击。

研制历程

20世纪80年代，以色列在以军现役主力“梅卡瓦”坦克的技术平台基础上，开始研发一种具有出色装甲防护能力的重型运兵车，即“纳美尔”装甲运兵车。

早期型号的“纳美尔”装甲运兵车由多余的“梅卡瓦”坦克改装而成；之后新生产的“纳美尔”装甲运兵车，则由位于美国俄亥俄州利马的通用动力公司组装后，运到以色列再安装武器和秘密的复合反应装甲。

基本参数	
车长	6米
车宽	2.7米
车高	3米
战斗全重	60吨
最大速度	60千米/小时
最大行程	500千米

作战性能

“纳美尔”装甲运兵车最大的特点是其具有出色的装甲防护能力，可以抵御重型反坦克武器的攻击；而后继型号的“纳美尔”装甲运兵车将安装30毫米自动炮和拉斐尔公司研制的“战利品”主动防护系统，据说其装甲防护能力甚至比“梅卡瓦”IV型坦克还要强。

▲“纳美尔”装甲运兵车

知识链接 >>

以色列车辆在设计上一直将人员安全和生还概率放在重要位置，所以在战术定位上，其人员运输车也会尽量避免不必要的威胁。“纳美尔”装甲运兵车的总设计师曾说：“如果运兵车的火力太强，会鼓励指挥官将其运用于进攻。”可见在以色列人的观念中，将人员运输车主动投入战斗，属于弊大于利的危险行为。

“埃坦”装甲车（以色列）

简要介绍

“埃坦”装甲车是以色列国防军装备的第一款轮式装甲车辆。其采用国际流行的8×8轮式结构，防护性能较好。与以军之前研发的重型“雌虎”履带式装甲车相比，“埃坦”虽然在技术上并无优势，但其价格优势明显，方便快速部署。这也是“埃坦”最终面世的主要原因。

研制历程

2016年8月1日，以色列国防部公布了其将装备的新型8×8轮式装甲车——“埃坦”。其目的是为了替换M113履带式装甲车。2018年，第一批“埃坦”正式进入以色列国防军服役。

▲ “埃坦”装甲车后视图

基本参数	
战斗全重	35吨
最大速度	90千米 / 小时
乘员	车组3人 搭乘9人

作战性能

“埃坦”装甲车配备以色列拉法尔公司研发的“战利品”主动防护系统，以应对RPG和现代反坦克导弹的威胁。该车的无人炮塔可配装1门30毫米或40毫米自动炮。车体采用外倾角防弹设计，下部为防雷泄压结构，配备的防弹车轮使得车体在遭遇枪击和爆炸后仍能正常行驶一段安全距离、车后舱门隐藏在两侧护墙中，人员下车时能够借以隐蔽。除此之外，加装了主动防护系统也使得“埃坦”战车更多一层保命手段。

知识链接 >>

RPG 是 Rocket Propelled Grenade 的简称，意思是火箭助推榴弹，俗称火箭筒。这是一种发射火箭弹的便携式反坦克武器，主要用于近距离打击坦克、装甲车辆和摧毁工事。装配穿甲高爆弹头的 RPG 非常适合摧毁装甲薄弱、防护力低下的交通工具。RPG 极高的通用性和改装性使其不仅是一款纯粹的单兵反坦克武器，还是一门灵巧多变的“步兵支援大炮”。

▲“埃坦”装甲车

BRONCO

“野马”全地形运输车（新加坡）

简要介绍

“野马”全地形运输车是新加坡技术动力公司20世纪90年代中期开始研发的铰接履带式装甲车辆。该车具备完全两栖能力，在水中由履带推进，入水前打开两个部分车体上的舱底排水泵即可，前半部分的最大载重量为1.2吨，后半部分为3吨。它重型无缝橡胶履带的应用降低了ATTC的行驶噪声，并且完全可以通过洛克希德·马丁公司生产的“大力神”运输机运载。“野马”于2001年开始服役，并至少衍生出3种改型车。

研制历程

20世纪90年代中期，新加坡技术动力公司按该国武装部队提出的要求，开始研发一种比当时服役的BV206车型装甲保护更强、载重量更大的铰接履带式车辆，称为全地形运输车。

1997年，完成了首个汽车底盘的研制工作；1999年完成2辆预生产车型，一辆为装甲人员运输车，另一辆为运货车；2000年开始定型为“野马”全地形运输车，并投入生产。

基本参数	
车长	8.6米
车宽	2.3米
车高	2.2米
战斗全重	16吨
最大速度	60千米/小时
最大行程	550千米

作战性能

“野马”全地形运输车由两部分组成，全部为履带式，二者通过特殊的液压铰链连接。该车的两个部分全部为焊接钢制车体，可披挂德国IBD公司生产的被动式装甲。前半部分定员为6人（包括驾驶员），后半部分定员为10人。全地形履带式运输车装备的标准设备包括两个部分的空调系统，以及众多可选设备、各种武器站，如车顶安装7.62毫米机枪和枪榴弹发射器。

知识链接 >>

2001 年，首批“野马”全地形运输车生产车型开始交付新加坡武装部队。除了装甲人员运输车外，新加坡武装部队还装备了至少 3 种“野马”全地形运输车的改型车，分别是“野马”装甲工程车、救护车和补给车。除装备本国外，泰国和英国也先后购买了该车。

▲“野马”全地形运输车

DRAGON

“龙”式轻型装甲车（土耳其）

简要介绍

“龙”式轻型装甲车，拥有110千米/小时高速性能，能搭载11名士兵，是目前全球最先进的4×4轻型车辆之一。

研制历程

由土耳其老牌军工企业努罗尔－马基纳公司研发生产的“龙”式轻型装甲车，自问世以来就一直受到各方关注。此前，该公司就成功研发了RN-94“龙”式6×6装甲人员运输车，这款装甲车被土耳其军方大量采购后获得广泛好评。

在6×6装甲车底盘基础上，努罗尔－马基纳公司又接轨国际潮流，研发出目前许多国家普遍采用的4×4底盘新型装甲车。“龙”式轻型装甲车长为6米，车宽2.45米，高2.3米，底盘距地面高0.4米，战斗全重在12吨~14吨。除了拥有最高4吨载重量之外，该战车配备的康明斯6缸四冲程涡轮增压水冷柴油机动力性能十分强劲，零启动状态下实现40千米/小时加速只需6秒。

“龙”式轻型装甲车可以轻松通过0.5米高度的障碍物，并可以跨越1.1米宽的壕沟，而且还具备了最大0.7米的涉水能力。此外，它的最大公路时速达到110千米/小时，最大公路行程750千米，完全符合现代陆军机动化大纵深作战需求。

基本参数	
车长	6米
车宽	2.45米
车高	2.3米
战斗全重	12吨~14吨
最大速度	110千米/小时

作战性能

“龙”式轻型装甲车顶部安装有功能强大的遥控武器站，可以装备口径为7.62毫米或12.7毫米的自卫防御型机枪，遇到特殊的战斗任务，甚至还可以改装为25毫米机炮甚至是40毫米口径的榴弹发射器。

知识链接 >>

和目前市场上主流的美制、俄制以及欧洲各型号轮式装甲车相比，“龙”式轻型装甲车不仅在造型上符合高大威猛的工业美学理念，而且在众多关键性能对比上也丝毫不落下风。当下的国际军火市场，土耳其军方逐步呈现出“军购军售两开花”的景象。继此前土耳其军方正式从俄罗斯接收首批 S-400 防空导弹系统，土耳其军工企业也启动了涉及向乌兹别克斯坦军售的大单。

▲ “龙”式轻型装甲车

RG-31“林羚”装甲人员运输车（南非）

简要介绍

RG-31“林羚”装甲人员运输车由阿尔维斯OMC公司开发，能给使用者提供对反坦克地雷、轻武器火力和弹片的高级别保护。车体下部为V形，可转移向上的地雷伤害冲击。当前生产车辆的标准设备包括动力转向装置、空气调节系统和前置5吨电动绞盘。

研制历程

RG-31“林羚”和“曼巴”装甲车非常相似，后者已停产。经过合并与收购，2004年年末阿尔维斯OMC公司成为了BAE系统公司地面系统分公司OMC部。

RG-31防地雷车上的武器装备载荷可根据用户作战任务需要改变。驻阿富汗加拿大部队配备的50辆RG-31“林羚”装甲人员运输车为MK3型，即装甲增强型。根据合同，车上遥控武器站昼夜光电组合观测系统由加拿大方提供和安装。美国陆军装备的RG-31型防地雷车采用了澳大利亚W&E公司普拉德工厂研制的MR555型新型武器站。OMC公司目前正在为瑞典生产102辆RG-32M防地雷装甲巡逻车。芬兰已经向南非OMC公司订购了6辆RG-32M。

基本参数	
车长	6.4米
车宽	2.47米
车高	2.72米
战斗全重	8.4吨
最大速度	105千米/小时
最大行程	900千米

作战性能

RG-31“林羚”装甲人员运输车可承受14千克TNT当量的反坦克地雷在任何一个车轮下的爆炸，也能防御7千克地雷在车体下爆炸所产生的冲击。RG-31“林羚”装甲人员运输车的弹道防护水平不断提升，MK3型达到国际标准一级防护水平，MK5型又提高到二级防护水平。RG-31型防地雷车的舱门向后打开，使得射手可以在装甲防护之下射击。车体顶部还配有2个舱盖，用于开舱作战及紧急情况下逃生。

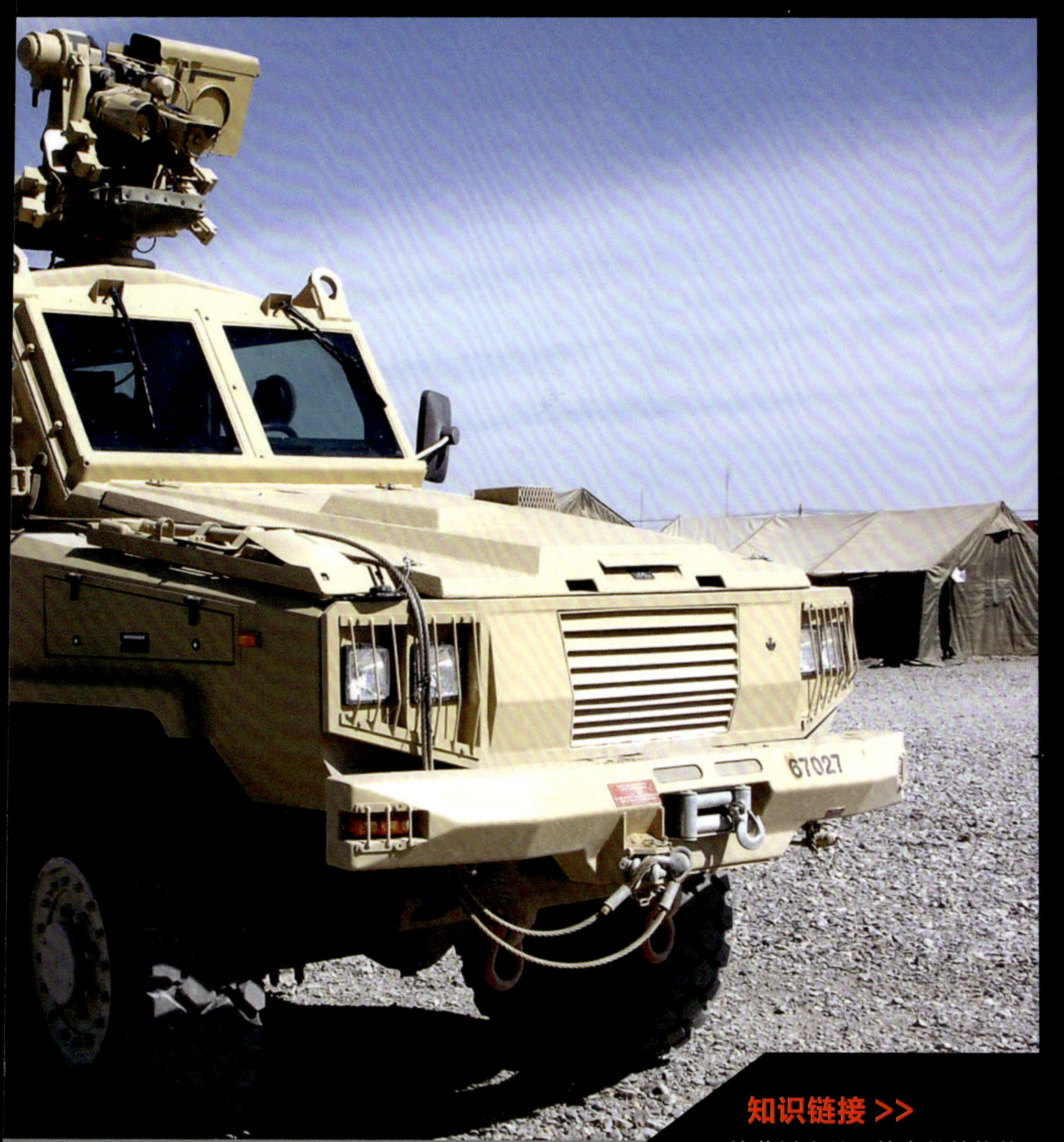

▲ RG-31“林羚”装甲人员运输车

知识链接 >>

该装甲人员运输车的结构特别，竖直车体正面中央有水平散热格栅，水平引擎顶盖微微倾斜，与几乎竖直的两块防弹挡风玻璃相连，水平车顶上有水平舱门。车体侧面下部为竖直载物箱，台阶般微微凹入的侧面上部同样竖直，有整块防弹窗户，竖直车尾有大门，门的上部有防弹窗。车身两侧各有两个大负重轮，而且车体两侧的下部挂有备用车轮。

图书在版编目（CIP）数据

装甲车辆 / 张学亮编著 . — 沈阳 : 辽宁美术出版社 , 2022.3
（军迷·武器爱好者丛书）
ISBN 978-7-5314-9060-9

Ⅰ . ①装… Ⅱ . ①张… Ⅲ . ①装甲车—世界—通俗读物 Ⅳ . ① E923.1-49

中国版本图书馆 CIP 数据核字 (2021) 第 221344 号

出 版 者：辽宁美术出版社
地　　址：沈阳市和平区民族北街29号　邮编：110001
发 行 者：辽宁美术出版社
印 刷 者：汇昌印刷（天津）有限公司
开　　本：889mm × 1194mm　1/16
印　　张：14
字　　数：220千字
出版时间：2022年3月第1版
印刷时间：2022年3月第1次印刷
责任编辑：张　玥
版式设计：吕　辉
责任校对：满　媛
书　　号：ISBN 978-7-5314-9060-9
定　　价：99.00元

邮购部电话：024-83833008
E-mail：53490914@qq.com
http：//www.lnmscbs.cn
图书如有印装质量问题请与出版部联系调换
出版部电话：024-23835227